SHUDIAN XIANLU ZHINENG XUNJIAN

输电线路 智能巡检

主　编　吴向东

副主编　卢　萍　邵瑰玮

中国电力出版社
CHINA ELECTRIC POWER PRESS

内 容 提 要

本书共六章，第一章主要介绍了架空输电线路智能巡检技术的基本概念及有关应用；第二～四章分别从智能监测和架空线路巡检两个方面分析了相关技术和应用，对无人机巡检、机器人巡检技术、移动巡检等智能巡检技术展开了深层次的讲解；第五章结合现有技术，介绍了输电线路三维重建技术在输电线路巡检中的应用；第六章提取了架空输电线路智能巡检在面对各类气象灾害时的详实案例分析。

本书可供读者作为了解架空输电线路智能巡检的入门书籍，也可以作为从事输电线路智能巡检研究人员的参考书籍，同时对于智能巡检研究方向的高校科研人员也有一定的参考价值。

图书在版编目（CIP）数据

输电线路智能巡检／吴向东主编. —北京：中国电力出版社，2021.8
ISBN 978-7-5198-5681-6

Ⅰ．①输… Ⅱ．①吴… Ⅲ．①输电线路–巡回检测 Ⅳ．①TM726

中国版本图书馆 CIP 数据核字（2021）第 107269 号

出版发行：中国电力出版社
地　　址：北京市东城区北京站西街 19 号（邮政编码 100005）
网　　址：http://www.cepp.sgcc.com.cn
责任编辑：刘丽平
责任校对：黄　蓓　郝军燕
装帧设计：张俊霞
责任印制：石　雷

印　　刷：北京九天鸿程印刷有限责任公司
版　　次：2021 年 8 月第一版
印　　次：2021 年 8 月北京第一次印刷
开　　本：787 毫米×1092 毫米　16 开本
印　　张：10.5
字　　数：221 千字
印　　数：0001—1000 册
定　　价：54.00 元

编　委　会

前　言

　　为服务国家战略需求，顺应大数据时代与电力市场改革政策环境下自身发展的需求。国家电网有限公司提出打造具有中国特色国际领先的能源互联网企业，中国南方电网公司积极推进电网数字化建设和转型，通过数字电网、数字运营、数字能源，实现电网状态全感知、企业管理全在线、运营数据全管控、客户服务全新体验、能源发展合作共赢。传统的架空线路巡检采用人工巡检，存在巡检效率较低、工作强度大、巡检成本高等问题，不能满足现代电网安全高效巡检的需求，需要采用新型的电力巡检方式。同时，人工智能、物联网等新技术在电力行业的应用将得到快速的发展，这也为架空输电线路的智能巡检提供了发展契机。

　　架空输电线路智能巡检技术是智能技术具体实现形式，是从行业出发，运用新一代信息技术，将输电线路的设备和环境与智能巡检的知识库联系起来，通过信息广泛交互和充分共享，以数字化管理大幅提高输电线路基础设备的安全水平、质量水平、先进水平和效益效率水平。

　　架空输电线路智能巡检对内有利于提质增效，对外有利于融通发展，促进各级网架之间智慧融合。这将给电网公司带来供给、技术、体制的链式革命，同时能够预防自然灾害对架空输电线路带来的损害，提高经济效益，全面服务国家能源转型发展。智能巡检是顺应能源革命和数字革命融合发展趋势的战略抉择，也是电力与智能结合建设的具体实践。

　　在此背景下，电力公司的架空输电线路的模式将发生深刻变化，在智能巡检建设推进过程中，对于从事相关工作的人员来说，熟悉智能监测技术，尤其高空巡检技术的发展，以及学习机器人巡检技术和三维建模技术非常重要。

　　本书主要介绍了架空输电线路智能巡检技术的应用和前景，分别从智能监测和架空线路巡检两个方面分析了相关技术和应用；对无人机巡检、机器人巡检技术、移动巡检等智能巡检技术展开了深层次的讲解；结合现有技术，介绍了输电线路三维重建技术在输电线路巡检中的应用。为便于读者理解输电线路智能巡检相关应用，本书第六章提供了架空输电线路智能巡检在面对各类气象灾害时的翔实案例分析。

本书的编写注重技术与运用的结合，配备大量图片，针对学习需要重点关注的问题和难点进行阐述，便于读者理解和学习。本书可作为了解架空线路智能巡检的入门书籍，也可以作为从事输电线路智能巡检研究人员的参考书籍，同时对于智能巡检研究方向的高校科研人员也有一定的参考价值。

限于时间和水平，本书不足之处在所难免，敬请广大读者批评指正。

编　者

2021 年 7 月

目　录

第一章

概　　述

随着输电规模的增长，人工巡检已不能满足现有的需求，智能巡检技术正被应用及推广到现有的输电网络中。本章主要介绍输电线路智能巡检的背景以及输电线路智能巡检模式，通过介绍北斗卫星导航系统、5G 等新技术在智能巡检中的应用，提炼出输电线路智能巡检技术的发展趋势。

第一节　输电线路智能巡检方式

一、输电线路巡检背景

由于输电设备长期暴露在户外，其运行状况受自然环境和人为活动因素的影响较大，及时发现线路设备安全隐患对电网的稳定运行具有重要意义。输电线路巡检是架空输电线路运行规程的基本要求，是掌握线路运行状况，及时发现线路本体、附属设施和线路保护区缺陷或隐患的基本手段。通过对输电线路以及周边对应的设备情况、设备状态参数等，以及输电线路两侧的环境状况进行详细和及时的巡视工作，能够查找出潜在的安全隐患和风险，并能够及时排查故障点位置，确保电力设施安全运行，减少故障发生的概率。

2020 年，国家电网有限公司提出了输变电设备智慧物联、输配电线路杆塔共享建设等重点任务，并指出输电线路巡检的智能化和数字化是推动"大云物移智链"（大数据、云计算、物联网、移动互联、人工智能、区块链）等信息通信新技术与传统电网设备业务融合发展，加快设备管理数字化转型和智能化升级的需要；要深化人工智能技术应用、加强基于智能装备的自主巡检；强化输电线路及通道环境空天地多维协同巡检，加快无人机自主巡检体系建设，结合图像（视频）监拍、智能巡检机器人、三维激光扫描等手段，实现在线智能巡检。

二、输电线路智能巡检模式

传统的输电线路巡检模式是指巡检工人依靠人眼或利用望远镜和红外热像仪等设备巡视和检测输电线路设备和通道的运行情况，并记录相关设备缺陷和通道环境安全隐患，主要的操作方法有特殊标记法、条形识别法、信息钮采集法和射频卡采集法。这些方法一定程度上提高了管理人员对巡检工人的监督质量以及巡检记录的保存与管理水平。但是这些方法需要线路工人前往现场巡视和检测输电线路设备，发现缺陷，并将缺陷记录在纸质材料上，所以存在巡检效率低、劳动强度大且存在巡检盲区的缺点。特别是越山和跨江线路，地势险峻、路途崎岖，巡检难度就更大了。因此，采用传统手段对线路实施巡检已不适应电网发展和现代化管理的需求。

随着电网规模的持续增长和科学技术的迅猛发展，输电线路巡检模式逐步由传统的人工巡检模式向基于 GPS+GIS+PAD 智能巡检模式、无人机巡检模式、机器人巡检模式、在线设备实时监控模式等智能化模式发展。

1. GPS+GIS+PAD 智能巡检模式

基于掌上平板电脑（portable android device，PAD）、GPS（global positioning system，全球卫星定位系统）和 GIS（geographical information system，地理信息系统）相结合的智能巡检方式正处于广泛的研究与应用中。其基本的工作原理和各设备功能如下：利用 PAD 进行数据接收和存储，实现线路巡检的无纸化办公，现场发现的缺陷以及工作记录可以方便地在系统中填写，现场即可在 PAD 上执行作业指导书，同时利用无线网络实时地将巡检信息反馈回控制中心，避免了数据的丢失；GPS 主要用来进行目标定位，它能提供卫星指路，保证巡检人员到位；而 GIS 主要用来实现数据的收集和传输，能够为巡检人员提供线路信息、周边环境信息、杆塔信息、巡视项目信息等服务，有利于提高线路的巡检质量。

2. 无人机巡检模式

无人机（unmanned aerial vehicle，UAV）是一种由无线电遥控设备和自身程序控制操作的无人飞行器。因其飞行灵活、操作方便、能有效保障人身安全等特性被广泛应用于国土资源和海洋领域的航拍测绘、农畜业的分析应用以及紧急灾害的救援服务等领域。目前，国内外电力行业研究人员通过进行无人机导航技术、飞行控制技术、红外检测技术、通信链路中断安全返航技术以及抗电磁干扰技术等方面的研究，将无人机应用于输电线路巡检作业领域。

无人机巡检技术采用 GPS 自动导航技术，利用机载远红外热成像仪和可见光摄像机全程拍摄输电线路设备和周边环境情况，通过无线通信技术将拍摄图像传递到地面站系统进行分析检测，及时发现线路的各类设备缺陷，以及线路附近可能对线路造成威胁的各类安全隐患。目前，无人机巡检模式主要分为手动操作巡检和自主巡检两种。

无人机手动操作巡检是带 PCM（pulse code modulation，脉冲编码调制）遥控的人工纯手动飞巡，地面人员实时操控无人机飞行状态，利用无人机的悬停功能对线路设备进行多角度、有针对性的拍摄和检测。这种巡检方式通常由小型旋翼无人机和中大型无人直升机执行，主要用于输电线路故障巡视和特殊巡视，对发现设备本体类缺陷具有很高的效率。

无人机自主巡检是事先在无人机的飞行控制系统和拍摄控制系统中预置飞行路线和巡检任务模式，无人机按预定的航线飞行，并同时开展相关的巡检任务。无人机自主巡检的航线规划按照不同的技术路线，分为人工示教航线规划和激光三维建模航线规划两种。人工示教是指通过手动飞行记录航拍点，再通过深度学习算法优化拍照位置，形成平滑连接的飞行航线。激光三维建模航线规划通过对输电线路进行激光点云三维建模，规划最精准、高效的巡检路径，自主完成杆塔巡检。这种飞行模式通常由固定翼无人机执行，适用于正常巡视工作，对发现通道类缺陷具有极高效率。

无人机的飞行高度离输电线路相对比较近，为了避免无人机在巡线过程中因遇到突出状况（如大风、预期外障碍物、强电磁干扰、导航系统出错等）而造成无人机与输电线路或是障碍物发生碰撞，还有许多相关的关键技术需要完善和突破，如电力线路视觉跟踪技术、飞行姿态控制技术、无线通信技术、线路故障探测技术和自主避障技术等。

3. 机器人巡检模式

机器人巡检方式是指巡检机器人，代替巡检人员的工作，机器人身上佩带了摄像头，通过无线电设备与地面及空间进行数据传输。国内的巡检机器人研究始于20世纪90年代，经过多年研究，智能巡检机器人逐步取得了一定发展成果，尤其是智能巡检机器人在变电站中的应用，取代了传统人工巡检，保证了巡检工作的顺利开展。随着近年来智能巡检机器人技术的提升，如"AApe"系列电力检测与作业机器人系统、500kV 超高压环境下机器人机构、自主控制、数据和图像传输、电磁兼容等关键技术的应用，促进了智能巡检机器人的应用。

目前，机器人巡检方式按悬挂线路的不同分为两大类：第一种是在地线上进行操作，这类机器人需自带电能设备，巡线过程中不可以进行充电，续航能力较差。因为并非所有电压等级的线路都是全程安装地线的，所以这种巡线方式不适用于所有的线路。第二种是在三相线上进行操作，这种方式中机器人能将线路周围分布的磁能转化为电能，给自身提供能量，续航能力强。机器人巡检具有安全、经济可靠，且能够在极端天气下工作等优点，使得它具有大范围应用的可行性。

4. 在线设备实时监控模式

为了能够全天候地观测到输电线路设备运行状态和通道环境，及时而准确地发现隐患、消除隐患，近年来国内外先后研制开发出了多种输电线路远程监测装置，根据图像和数据发现问题并及时发出报警。在线监控方式的基本工作原理是建立一个在线监控信息处理平台，在输电线路杆塔上或者附近安装在线监控设备终端，在线监控终端 24h 对输电线路设备状态和周围环境进行监控，针对 220kV 及以上线路，部署线路分布式故障监测装置，实时监测线路故障电流及波形；通过边缘计算，对线路本体和走廊雷击进行波形分析，实现故障定位和原因初步分析；在应用层，融合国网六大监测预警中心监测预警信息、调度录波动作信息和现场无人机巡视信息，建立基于多源信息的输电线路故障原因综合诊断模型，实现故障原因的精确分析，大幅缩短故障原因诊断时间，并依托人工智能算法迅速判断故障影响范围，提供后续处理方案和决策建议。在输电线路特殊区段推广应用异常状态智能监测终端，实时侦测采集线路导线异常放电行波电流；通过边缘计算，对绝缘子劣化、金具放电、植被超高、覆冰、污秽五类典型异常放电进行定位、辨识及预警；通过气象数据、可视化数据、设备台账数据及历史检修数据融合分析，智能评估设备风险等级，辅助制定检修消缺策略，并为调度部门合理安排电网运行方式提供依据。目前，输电线路在线监测装置有微气象环境监测、现场污秽度监测和覆冰监测、导线温度监测、导线微风监测、线路风偏监测、导线舞动监测、杆塔倾斜监测、图像/视频监测等装置。随着信息技术的发展及成本的降低，在线监控装置将得到更加广泛的应用，特别是在环境恶劣的偏远山区，可以代替人工守候输电线路设备。

第二节　输电线路智能巡检新技术

一、北斗卫星导航系统在智能巡检中的应用

北斗卫星导航系统（beidou navigation satellite system，BDS）和 5G 技术，作为国家安全和经济社会发展需要的重要时空基础设施，是中国战略性新兴产业发展的重要领域。2020 年，国家电网有限公司在《加快推进新型数字基础设施建设的意见》（国家电网互联〔2020〕260 号）中提出积极推广 BDS，将 BDS 应用于输电线路智能巡检系统，在输电线路智能巡检中具有巨大的潜力。

1. BDS 应用于在线设备实时监控

除了通常在输电杆塔关键位置安装监测点设备、附近架设基准站的方式外，借助 BDS 的地基增强系统，覆盖更大范围和不同电压等级下的输电杆塔，同时构建省级或区域级的输电杆塔状态自动监测及预警平台，实现输电杆塔全时段集中监测、预警，突破目前局限于小范围杆塔监测的局面，实现全网范围内的全覆盖监测。以天地协同方式构建输电线路物联网架构，在空中采用遥感卫星对输电线路山火、通道异物、杆塔倾斜等较大缺陷进行广域高效监测，地面以输电线路导线上的监测装置作为边缘计算设备，再通过 BDS 短消息通信网络实现海量小数据的回传，有效解决山区输电线路信号盲区的问题。BDS 定位技术和地基增强技术为电力设备状态感知、通信和位置服务提供了更加灵活的应用手段。

2. BDS 应用于人工巡检

基于 BDS 定位技术和 5G 技术的智能可穿戴类设备，如智能安全帽，通过集成检修人员生理状态的采集单元、语音通信单元和视频采集单元，实现对现场检修人员的位置定位、现场故障情况以及人员生理健康水平的实时监测、实时语音对讲和视频传输，有效提高检修工作效率。

3. BDS 应用于智能化巡检

优化直升机、无人机和人工巡检的配置方式来形成有效的协同立体化巡检，是提高输电线路运维检修水平的趋势。研制支持高精度定位的无人机设备，才能满足无人机对杆塔的精细化自主巡检要求。要实现无人机巡检智能化，需要解决巡检数据智能化处理、无人机自主导航和续航三大核心问题。其中，自主导航是实现无人机自主巡检的核心技术，本质上需要高精度定位技术的支持。借助高精度北斗定位导航、GPS 组合导航和定高控制功能，使无人机在悬停时达到要求范围内的导航精度和高度，保证任一导航系统出现问题或信息屏蔽时设备定位的有效性和无人机飞行的安全性。

移动巡检机器人采用的定位导航技术主要有磁导航、轨道导航、惯性导航、GPS 导航及激光雷达导航等。GPS 导航技术的定位精度通常为米级，无法满足定点精确测量的需求，而且 GPS 信号会受到电力设备电磁扰动的影响，使导航的可靠性受到制约。采用激光雷达和惯性导航组合的精确地形匹配的导航定位精度达到 1cm。截至 2019 年底，在中国范围内已建设 155 个框架网基准站和 2200 多个区域网基准站。充分利用北斗地基增强系统能够在系统服务区内提供实时米级、分米级、厘米级和后处理毫米级增强定位服务的能力，开展尝试探索 BDS 在巡检机器人的可行性研究。

二、5G 技术在智能巡检中的应用

在电力系统的巡检业务中，需要做到实时数据实时分析、高清视频监控、智能在线分析识别。当前基于短距离无线、WiFi 或有限的智能巡检设备受到很多局限，如移动或飞行距离短，可靠性低，需要有人近距离操控、数据不能实时处理。当前中国正在快速推进 5G 网络，5G 网络数据传输具有高效率、高清晰度、高性能等优势，且覆盖面积更广。在传统网络数据传输中难免存在数据包丢失、图像模糊等现象，但将 5G 技术融入电力巡检机器人巡检技术和无人机巡检技术中，既能满足超高清视频、图片数据传输的需求，也可满足在强电磁干扰环境下的稳定运行，同时兼具更好的数据加密能力。

目前，无人机自主巡检主要依赖于 4G 网络信号，控制信号存在 200ms 左右的延迟，不利于无人机的精准悬停和对杆塔本体部件位置的精准拍摄，同时易造成无人机在飞行中出现碰撞等事故。因此，利用 5G 通信技术低延迟、高效的优势，将更加有利于无人机自主巡检影像数据的精准采集以及巡检过程的安全可靠，解决了自主巡检中实时动态（real time kinematic，RTK）通信链路信号差的问题。

利用基于 5G 技术的无人机巡检和机器人巡检，带宽更大，单位时间内可传输的视频和图像更多，更高效，实现数据实时回传、直播互动、远程作业、远程 VR/AR 专家指导。机器人巡检和无人机巡检具备与智能电网信息网络互通能力，充分运用 5G 网络的优势，发挥人工智能和智能电网信息网络互通的能力，快速、高效、准确地完成电网运检工作。

三、输电线路智能巡检技术发展趋势

根据能源互联网的建设思路和目标，构建输变电设备数字化转型升级，实现设备状态全景化、数据分析智能化、设备管理精益化的输变电设备物联网，未来输电线路巡检将满足全业务、全天候、全视角，并可实现多元辅助智能检修。

1. 全业务智能移动巡检

利用移动作业终端、可穿戴设备等智能装备，对输电线路设备及通道开展标准化巡视。通过电网设备实物 ID，获取线路和杆塔的详细参数和缺陷隐患信息，结合语音识别、图像分析等先进技术，实现巡视签到、轨迹自动记录与回放、巡视到位智能判断等作业全过程管控；利用历史缺陷隐患的智能提醒、查询和校核等功能，及时消除缺陷隐患，实现缺陷隐患的全过程管理，实现线路收资、验收缺陷隐患登记、影像资料上传等功能智能化。

2. 全天候远程通道可视

在"三跨"（跨越铁路、高速公路和重要输电通道）输电线路等重要交叉跨越区段、外力破坏多发区段以及线路高风险区段，规模化安装具备边缘计算能力的智能可视化监拍装置采集线路通道环境数据，融合基于深度学习的图像识别方法，实现可视化装置的管理和通道的全天候远程巡视，并将预告警信息实时推送至运维人员现场作业移动终端。打通调控云与可视化系统的信息通道，实现线路跳闸与通道拍照的在线协同，为调控人员处置跳闸故障及运维人员分析故障提供支撑。

3. 全视角协同自主巡检

采用无人机、直升机、机器人等巡检手段，搭载可见光相机、红外成像仪、激光雷达对线路进行精细巡检，实现线路状态全方位实时感知和预测。当状态量异常时，应用层主动调用数据中台相关数据，实现历史数据纵向分析；调用同类设备信息，实现状态量横向比较；开展关联数据高级分析，进行输电通道三维建模、树障和交叉跨越检测等应用，实现线路状态自主快速感知和预警。

4. 多元辅助智能检修

依托前端图像识别，自动实现典型缺陷比对分析、等级确认；融合历史数据信息及典型处置方案，辅助编制检修作业指导书，提出标准化工器具配置、人员要求和工期测算建议。借助无人机、直升机、机器人等开展异物处置、导/地线修补等带电作业及精细化检修验收，利用移动巡检远程视频技术，实现检修难题专家远程视频会诊与技术支持。

第二章

智能监测技术

本章主要介绍智能监测系统的组成，以及数据采集技术、智能监测技术、大数据分析与分享、数据交换与共享等内容。通过介绍智能监测系统的应用实例和技术标准，提出了智能监测系统发展趋势。

第一节　智能监测系统简介

随着传感器技术、无线数字通信技术、电磁兼容技术、计算机技术的发展以及输电线路专业对于状态监测及状态检修的需求，输电线路在线监测技术得到了较快的发展，输电线路的绝缘子泄漏电流、盐密、微风振动、风偏、覆冰、杆塔倾斜、微气象、图像（视频）监测系统陆续出现并大量应用于输电线路中。

从技术进步的角度讲，输电线路的监测非常需要先进和智能的手段，通过先进的检测及监测技术，提前发现并预知线路的运行问题，从而提高线路的运行管理水平和安全水平。在此基础上减轻工人的劳动强度，以缓解输电线路不断增长与线路运行维护人员短缺的矛盾，符合电网安全运行要求。

智能监测系统是物联网在电力行业的具体应用，是电力设备、电力企业、电力用户、科研机构等与电力系统相关的设备及人员之间的信息连接和交互；它将发电企业及其设备、电力用户及其设备、电网企业及其设备、供应商及其设备、设计院、科研单位等人和物连接起来，产生共享数据，为发电、电网、用户、设备供应商、科研、设计单位和政府提供服务；以电网为枢纽，发挥平台和共享作用，为电力行业和更多市场主体发展创造机遇，提供价值服务。通过应用大数据、云计算、物联网、移动互联、人工智能、区块链、边缘计算等信息技术和智能技术，汇集各方面资源，为规划建设、生产运行、经营管理、综合服务、新业务新模式发展、企业生态环境构建等提供充足有效的信息和数据支撑。智能监测系统的提出受到了业界的广泛关注，尤其是信息及其相关产业。该概念涉及的内容包括发电、输电、配电、用电等方面的技术问题和经济问题。从构架上来看，智能监测系统包含感知层、网络层、平台层、应用层，如图 2−1 所示。

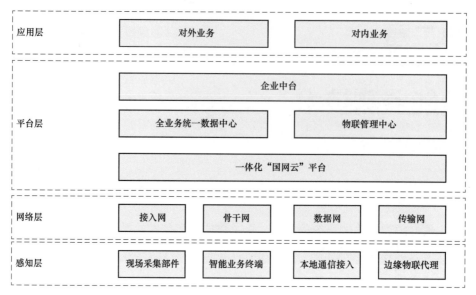

图 2−1　智能监测系统的构架

从技术视角看，智能监测系统通过应用层承载对内业务和对外业务两个大方向建设，包括提升客户服务、提升企业经营绩效、提升电网安全经济运行水平、促进清洁能源消纳、打造智慧能源综合服务平台、培育发展新兴业务以及构建能源生态体系 7 个方向的建设内容，通过感知层、网络层和平台层承载数据共享和基础支撑两个大方向的建设。

智能监测系统是能源技术革命和信息技术革命相互碰撞融合的产物，是物联网在电力领域的具体体现和应用落地。智能监测系统是充分应用"大云物移智链"新技术，实现电力系统各个环节万物互联、人机交互（将所有与电网相关的人、事和设备连接起来），对内实现"数据一个源、电网一张图、业务一条线"，对外广泛连接内外部服务资源和服务需求，打造能源互联网生态和新的利润增长点。智能监测系统与坚强智能电网不可分割、深度融合，承载电网业务和新兴业务，为国家电网有限公司以互联网思维开展新业务、新业态、新模式，"再造一个国网"奠定物质基础，推动国家电网有限公司从电网企业向"数字化"能源互联网企业转型，支撑数字国网、数字中国战略的实现。

第二节　数据采集技术

数据采集（data acquisition，DAQ）是指从传感器和其他待测设备等模拟和数字被测单元中自动采集非电量或者电量信号，送到上位机中进行分析、处理。数据采集系统是结合基于计算机或者其他专用测试平台的测量软硬件产品来实现灵活的、用户自定义的测量系统。

被采集数据是已被转换为电信号的各种物理量，如温度、水位、风速、压力等，可以是模拟量，也可以是数字量。采集一般采取采样方式，即每隔一定时间（即采样周期）对同一点数据进行重复采集。采集的数据大多是瞬时值，也可是某段时间内的一个特征值。准确的数据测量是数据采集的基础。数据测量方法有接触式和非接触式，检测元件多种多样。不论哪种方法和元件，均以不影响被测对象状态和测量环境为前提，以保证数据的正确性。

数据采集的目的是为了测量电压、电流、温度、压力或声音等物理现象。基于 PC 的数据采集，通过模块化硬件、应用软件和计算机的结合进行测量。尽管数据采集系统根据不同的应用需求有不同的定义，但各个系统采集、分析和显示信息的目的都相同。数据采集系统整合了信号、传感器、激励器、信号调理、数据采集设备和应用软件。在电力系统中，需要采集的数据信息包括电压、电流、电磁、电场等电气量以及温度、湿度、压力、位移、角度、振动、加速度、重量、微气象等非电气量。

智能监测系统中的数据采集主要采用射频识别技术、二维码、全球定位系统、摄像头、传感器网络等感知、捕获、测量技术。广泛存在的各种类型采集和控制模块构成了感知层，主要任务是完成智能监测系统应用的信息感知、数据采集，是智能监测系统的基础。依靠智能监测系统建立的庞大的终端传感器等采集设备，运维管理人员可以从发、输、变、配、用电环节的各类设备上采集所需的数据信息。在感知层中，发、输、变、配、用电环节的设备产生了海量数据，数据来源不同、数据类型不同、数据长短各异，导致数据之间存在壁垒，难以上下统一贯通利用，因此要建立统一的数据平台标准以提高数据质量和实时共享性。

一、射频识别技术

射频识别技术（radio frequency identification，RFID）是 20 世纪中期进入实用阶段的一种非接触式自动识别技术，是利用射频信号及其空间耦合和传输特性，通过无线电信号识别特定目标并读写相关数据，而无需在识别系统与特定目标之间建立机械或者光学接触，实现对静止或移动物体的自动识别的技术。RFID 技术的基本工作原理是：标签进入磁场后，接收解读器发出的射频信号，凭借感应电流所获得的能量发送存储在芯片中的产品信息（无源标签或被动标签），或者由标签主动发送某一频率的信号（有源标签或主动标签），解读器读取信息并解码后送至中央信息系统进行有关数据处理。图 2-2 是射频识别系统的组成。

图 2-2 射频识别系统的组成

射频识别的信息载体是电子标签，有卡、纽扣等多种表现形式。电子标签一般安装在产品或物品上，由射频识读器读取存储于标签中的数据。某些标签在识别时从识别器发出的电磁场中得到能量，并不需要电池；也有标签本身拥有电源，可以主动发出无线电波（调成无线电频率的电磁场）。标签包含了电子存储的信息，数米之内都可以识别。与条形码不同的是，射频标签不需要处在识别器视线之内，也可以嵌入被追踪物体之内。射频识别系统最重要的优点是非接触识别，它能穿透雪、雾、冰、涂料、尘垢，并在条形码无法使用的恶劣环境中阅读标签，阅读速度极快，大多数情况下不到 100ms。有源式射频识别系统的速写能力也是重要的优点。可用于流程跟踪和维修跟踪等交互式业务。

电子标签的优点如下：

（1）可以实现非接触、无视觉识别，因此完成产品识别工作时无需人工干预，便于实现自动化。

（2）阅读距离远，识别速度快，可实现远距离监测物品快速进入仓库。

（3）可进行多目标同时读取，便于监测大量物品同时进入仓库。

（4）电子标签相对于条码来说是进行单个产品的标识，因此方便通过物联网来实时获取产品的信息。RFID 可以用来追踪和管理几乎所有物理对象。采用 RFID 最大的好处在于可以对企业的供应链进行高效管理，以有效地降低成本。

二、传感器技术

传感器是一种智能检测装置，可以感知热、力、光、电、声、位移等信号，并能将检测到的信息按一定规律变换为电信号或其他所需形式的信息输出，以满足信息的传输、处理、存储、显示、记录和控制等要求。传感器是机器感知物质世界的"感觉器官"。传感器的类型多样，可以按照用途、材料、输出信号类型、制造工艺等方式进行分类。纳米技术的应用不仅为传感器提供了优良的敏感材料，而且为传感器制作提供了许多新方法，例如微机电系统技术等，提升了传感器的制造水平，拓宽了传感器的应用领域，推动了传感器产业的发展。

智能传感是感知层的核心技术，传感器是智能监测系统服务和应用的基础，是能源互联网的感知神经末梢，是电力调度、保护测控、安全运维、在线监测的基础设施组成单元，被视为"电力三次设备"。随着智能监测技术在电力系统中的应用，在电力生产、输送、消费、管理各环节广泛部署了具有一定感知能力、计算能力和执行能力的智能传感装置，以促进电网生产运行及企业管理全过程的全景全息感知、信息融合以及智能管理与决策。

智能监测系统中的传感器可以部署在电力系统的各个角落或直接封装于电力设备内部，实现无处不在的全面感知。随着无线通信技术的不断进步与发展，无线传感设备甚至无须架设固定的网络基础设施即可进行灵活部署，并通过自组织协作的方式迅速建立通信连接、快速组网，从而实现对电力系统各个关键环节、部件及周围环境状态信息的实时感知、采集和处理。这对于涉及范围广泛、结构错综复杂的电力系统来说尤为重要。例如：

将传感器部署于处于恶劣环境、可进入性差的海上风电场中，并对风电机组进行状态监控，可以大幅度降低风电机组的故障率，提高风电场的经济效益。

高精度、含多维特征参量的智能感知技术以及状态信息全局智能化终端及其布局技术是智能监测系统的基础。对于电力设备层智能化传感装置，首先要保证电力设备在复杂工况下多维特征参量数据的有效性。发、输、变、配、用电等电力系统设备长期处在复杂多变的运行环境。如变压器，温湿度、电磁场、压力、气体、水分等信息都会对变压器的稳定运行产生影响。因此，智能化传感装置面对复杂的电力设备工况应保证多维特征参量（光学、电磁、声学信号）传感采集的精度，保证感知信息的可靠性。同时，为了提高系统数据处理分析的效率，智能化传感装置应具备设备状态可靠性评估的能力，将智能传感器件与电气设备本体的一体化融合设计理念不失为一种更为有效的解决方案。

对于系统层面的智能化感知技术，不仅需要研究基于输电线路的电网状态传感技术，而且需要研究输电线路的状态参量建模、数据聚合与故障诊断定位技术，并制定适应不同输电线路的智能传感器标准，发展适用于各种工况下的能源电力智能传感器群。能源信息感知技术要研发传感器设备以及构建智能化终端，以保证智能化终端的即插即用及业务终端统一管理及配置。同时，需要构建智能终端与传感网络现场通信技术。考虑现有微功率无线传感网、蜂窝物联网通信应用技术，保证不同场景下的多模多制式下通信网络适配，从而实现异常事件高精度定位、复杂环境下的适应性。同时应研究降低通信网络时延，保证电力人、机、物的协同与交互，并将电力运维经验认知纳入系统开发，从而使终端高效智能化。

三、智能电能表

智能电能表除了具备传统电能表基本用电量的计量功能以外，为了适应智能监测系统和新能源的使用，还要具有双向多种费率计量功能、用户端控制功能、多种数据传输模式的双向数据通信、防窃电等智能化功能。高级量测体系（advanced metering infrastructure，AMI）主要由智能电能表、系统通信网络、家庭网络、计量数据管理系统、用户入口等组成，是一个用来测量、储存、分析和应用用户信息的网络和系统，完成用户侧和电网侧的双向互动，对用户侧的电压、电流、用电量等数据进行测量，实现远程监测、分时电价和需求侧管理等功能。

1. 优化分布式能源配置

分布式能源与配电网并网运行时还存在很多问题，电网企业通过智能电能表对配电系统进行实时监控、控制和调节，掌握分布式电源的特性及其与电网运行的相互影响，优化分布式能源配置，从而将电能以最经济与最安全的输配电方式输送给终端用户，提高电网运营的可靠性和能源利用效率。

2. 提高负荷预测的准确度

随着智能电能表的推广应用，大用户可以通过智能电能表向供电公司上传用户近期的用电计划,有分布式电源的用户可以由智能电能表上传自己的发送电计划及分布式电源的发电数据。电网企业将用户计划用电的容量、时间和各用户计划用电的顺序作为负荷预测的准确信息,自动干预负荷预测系统,可以提高负荷预测的准确度,减少电网备用容量,提高电网的经济效益。

3. 提供故障分析依据

电网企业可以通过智能电能表对用户用电情况进行实时监测,实现异常状态的在线分析、动态跟踪和自动控制,从而提高供电可靠性。当故障发生后可以通过智能电能表查询异常用电记录,为故障分析提供可靠的实时数据。

4. 智能化需求侧管理

通过智能电能表采集更多的电网实时运行数据(电压、电流和功率等),对用电设备的状态、能耗进行智能监测与控制,从而掌握更加详细的用户负荷情况,自动编制和优化有序用电方案,自动实施,进行过程跟踪、自动监测和效果评估,实现需求侧智能化管理。

5. 促进智能用电新技术发展

智能电能表的广泛应用,使得供电企业由人工抄表向自动抄表转型,同时获取更多的用电数据,经过分析与处理,以智能电表为网关通过双向实时通信将实时电价信息、缴费信息和用电信息等通知给用户,优化客户服务并促使用户合理利用电能,参与负荷调节。

智能监测系统是当前国内电力系统发展变革的最新动向,建设智能电网被认为是 21世纪电力系统的重大科技创新和发展趋势。2015 年,国家电网有限公司依托智能电能表应用和用电信息采集系统覆盖广泛的采集终端和通信资源,验证了电、水、气、热多表数据集中采集应用的技术可行性和应用有效性,带动水、气、电、热集采集抄,建设跨行业能源运行动态数据集成平台。智能电能表是电力物联网的智能终端,作为电力物联网数据采集的基础元件之一,是其中最重要的环节。

通过智能电能表的发展,可促进电能表模块化发展,让电能表的更换更加方便快捷和安全性更高。同时,通过对电力负荷较低时期的电能进行存储,可以在负荷较高时释放电能,能对电力负荷的波动进行调整,进而实现提高负荷利用效率的目标。

第三节　大数据分析与共享

一、电力大数据

电力行业已积累了海量数据,在数据量、多样性、速度和价值方面具有大数据的特征,电力行业已进入大数据时代。电力大数据是通过传感器、智能设备、视频监控设备、音频通信设备、移动终端等数据采集渠道收集到的海量结构化、半结构化、非结构化的业务数据集合。电力大数据是电力公司的新型资产,将为电力行业带来显著的价值和核心竞争力,促进业务管理向着更精细、更高效的方向发展。电力大数据主要来源于电力生产的各个环节，以及面向新兴服务的多业务数据，包括电网运行和设备监测或检测数据、电力企业营销数据（如交易电价、售电量、用电客户等方面数据）、电力企业管理数据。电力大数据具有以下特点：

（1）数据体量大：随着设备传感器、智能电能表等终端数据收集设备的密集部署，采集的数据规模将呈指数级激增，达到 TB 甚至 PB 量级。

（2）数据类型多：除传统的结构化数据外，生产管理、营销等系统产生了大量的音/视频资料等半结构化、非结构化数据。数据类型的多样性要求存储与处理技术也要具有多样性。

（3）处理速度快：电力大数据的采集与处理具有极快的速度。终端数量的激增要求存储系统应满足每秒数十万次的高通量数据存取需求。

（4）数据价值高：通过监测电力系统正常运营获得的数据，综合了电力生产、传输、消耗的各个部分。通过对这些数据的深度挖掘，提取出对电力企业优化运营有价值的信息。

此外，电力大数据还具有 3E 的特点：

（1）数据即能量（energy）：电力大数据中蕴含着用户的用电规律、最佳输电调度策略等极为重要的信息。这些信息在合理安排生产、降低能耗损失等方面发挥着独特而巨大的作用，促进了电网降低能耗与可持续发展，从而体现了数据即能量的特征。

（2）数据即交互（exchange）：电力大数据通过与其他行业大数据的交互聚合，对其进行深入挖掘分析后，其蕴含的信息对国家的高层决策、经济态势判断具有极为重要的参考价值。

（3）数据即共情（empathy）：电力大数据为国家电网有限公司及时准确地发现并满足用户需求提供了一条全新途径。共情即感同身受。生产与营销均借助于电力大数据，向电力用户提供更加优质、安全、可靠的电力服务，达到共同发展的目标。

电力大数据和互联网大数据的区别主要是：

（1）在互联网场景下，典型的大数据应用需要顺序扫描整个数据集，因此分布式并行大数据分析系统 Hive 或 Impala 等均未对索引提供良好支持；而在电力大数据分析中，多维区域查询极为常见。由于没有索引，将导致访问大量不需要的数据，并显著降低查询的执行性能。需要针对多维区域查询的特征，设计合适的索引结构以及相应的数据检索机制。

（2）互联网大数据的典型特征是"一次写、多次读"。面向这种数据特征，分布式文件系统（HDFS）及 Hive 均未提供数据改写（更新或删除）机制，只能通过全部覆盖现有数据的方式间接达到改写数据的目的。而在电力大数据业务场景中，存在大量数据改写语句，以覆盖现有数据的方式执行这些查询将会导致执行效率低下，因此迫切需要在现有系统中提供数据改写机制。

（3）互联网公司根据自身的业务需求而设计的大数据查询语言，如 HQL 只是 SQL 的一个子集，而电力数据分析系统大多使用标准 SQL 语言编写，需要耗费大量的人力与时间才能将数以万计的 SQL 语句翻译为等价的 HQL 语句。因此，需要设计一种工具，自动将 SQL 语言翻译为 HQL 语言，从而提升遗留应用的迁移速度，实现电力数据分析业务的无缝平滑迁移。

二、基于云计算的电力大数据分析技术

电网具有规模大、模型复杂、多级、多层次等特点。特别是随着太阳能、风能、水能等可再生能源逐渐接入电网以及分布式能源技术的不断发展，电网的规模将更大，复杂性将更高，分布将更广。云计算是分布式计算、并行计算和网格计算的发展，是虚拟化、效用计算、面向服务的体系结构（service oriented architecture，SOA）等概念混合演进的计算方法，主要用于智能电网异构资源的集成与管理、海量电网数据的分布式存储与管理、快速的电力系统并行计算与分析等。云计算（cloud computing）是一种新兴的计算模型，用户可以利用该模型在任何地方通过连接的设备访问应用程序，应用程序位于可大规模伸缩的数据中心，计算资源可在其中动态部署并进行共享。云计算的基本原理是：计算分布在大量的分布式计算机上，而非本地的计算机或远程服务器中，企业数据中心的运行将与互联网更加相似，这使得企业能够将资源切换到需要的应用上，根据需求访问计算机和存储系统。

云计算聚合了大量分布、异构的资源，向用户提供强大的海量数据存储与计算能力。云计算通过虚拟化、动态资源调配等技术向用户提供按需服务，避免资源浪费与竞争，提高资源利用率及应用性能。云计算提供了横向伸缩与动态负载均衡能力，即云计算支持运行时向数据中心增加新的节点，系统会自动将部分负载迁移至新增节点，并保持节点间负载的平衡，从而增强整个系统的业务承载能力。

在云计算中，电力大数据的分析过程是一个有效的排列，在这种系统形式下分布与并行过程是有必然联系的，是在有效的计算框架基础上发展起来的，通过采用相关电力系统中有效的数据分析软件，在利用云计算采集的数据，进行软件升级与结合，进而通过电力数据源开发出更好的适合于电力行业发展的技术软件。通过这些可操作的程序，进行电力系统的整体控制。通过这些方式的运用与发展，使得电力系统智能化发展进入一个新的阶段。

三、基于边缘计算的大数据分析技术

1. 边缘计算的形成与定义

随着海量数据在数据中心内的高速汇集，传统上以数据中心为核心的 IT 总体架构遭遇到空前的挑战。各类终端和传感器必须通过网络将数据汇集到数据中心，再通过网络将经过处理的数据反馈给终端，从而形成完整的感知和控制回路。巨大的数据量让数据中心的南北向网络面临沉重的负担。在以带宽计费的网络世界中，带宽太小就无法满足工业对实时感知的现实需求，而足量的带宽却又意味着极其高昂的成本和网络技术的限制。显然，这种以数据中心为核心的传统 IT 架构思路已经不能支撑物联网的深度发展，于是边缘计

算应运而生[23]。边缘计算是指在靠近智能设备或数据源头的一端，提供网络、存储、计算、应用等能力，达到更快的网络服务响应，更安全的本地数据传输。边缘计算可以满足系统在实时业务、智能应用、安全隐私保护等方面的要求，为用户提供本地的智能服务。

边缘计算一般由云端管理系统、本地核心节点和普通设备组成。云端管理系统负责设备管理、配置设备驱动函数和联动函数、设置消息路由等功能；本地核心节点一般是计算能力较强的设备，如路由器和网关，提供本地计算、消息转发、设备管理的能力；普遍设备如灯、开关等轻量级设备，可以接收网关下发的指令并上报数据给网关。

2. 边缘计算的特征

边缘计算具有连接性、数据第一入口、约束性、分布性四个基本特征。

（1）连接性。连接性是边缘计算的基础。针对所连接物理对象的多样性及应用场景的多样性，边缘计算应具备丰富的连接功能，如各种网络接口、网络协议、网络拓扑、网络部署与配置、网络管理与维护等。连接性宜充分借鉴吸收网络领域先进研究成果，同时还应考虑与现有各种工业总线的互联互通。

（2）数据第一入口。边缘计算是数据的第一入口，拥有大量、实时、完整的数据。它应基于数据全生命周期进行管理与价值创造，可支撑预测性维护、资产效率与管理等应用。边缘计算作为数据的第一入口，还应确保数据的实时性、确定性和多样性。

（3）约束性。边缘计算产品应适配工业现场相对恶劣的工作条件与运行环境，如防电磁干扰、防尘、防爆、抗振动、抗电流/电压波动等。在工业互联场景下，边缘计算设备应考虑功耗、成本、空间等问题。边缘计算产品还应考虑通过软硬件集成与优化，以适配各种条件约束，支撑行业数字化多样性场景。

（4）分布性。边缘计算实际部署具备分布式特征，这要求边缘计算应支持分布式计算与存储、实现分布式资源的动态调度与统一管理、支撑分布式智能、具备分布式安全等能力。

3. 边缘计算的应用实例

输电线路从实际需求出发，设计开发代人巡检、智能诊断和主动预警 3 大类的 26 种边缘计算算法，辅助管理人员实时掌握设备及其运行环境的状态。代人巡检是根据运行人员的巡视要求，梳理所有运行人员需要巡检的状态量、设备和项目，巡视发现问题自动报告。智能诊断主要针对各个设备的精细分析，主要分 3 层架构，关键是要构建每一层的标准接口。

第一层是针对每类传感器的数据基本分析和处理，提取目标参数、信号等数据进行标准化处理，把标准状态量输入到第二层；第二层是融合第一层上传的数据和从平台上获取的数据从设备绝缘、机械等维度分别分析设备状态；第三层是基于数据挖掘、自动迭代的思想，综合第二层各种维度的分析结论，对设备的运行状态做出结论。

主动预警融合代人巡检和智能诊断的结论，综合运行、检修、试验、气象、监测等多元状态信息，对输变电设备可能发生的故障实时发出预警，预警项目及规则是可定制的。

边缘计算应用架构如图2-3所示。

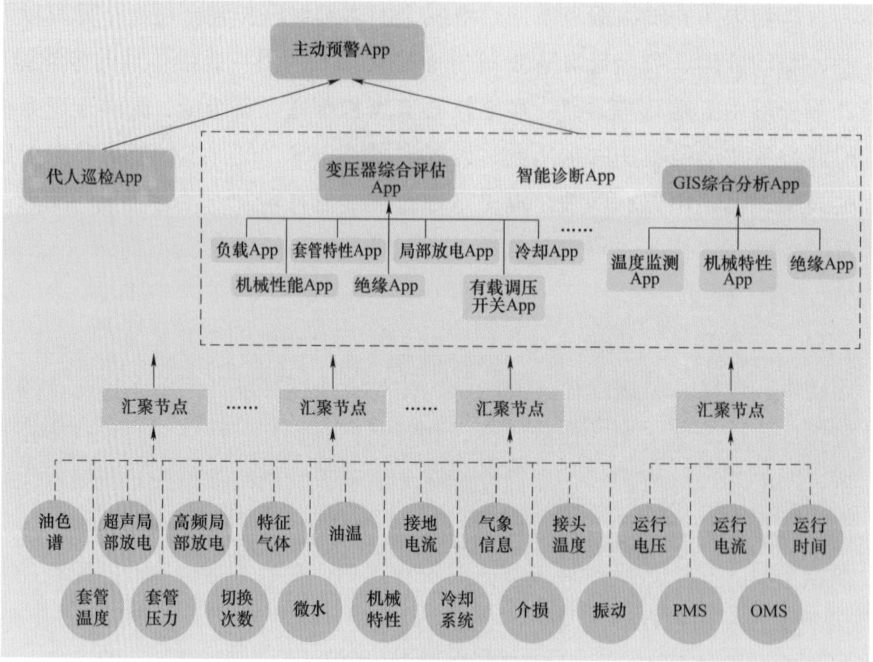

图2-3　边缘计算应用架构

（1）局部放电监测。

局部放电是造成绝缘劣化的主要原因，也是绝缘劣化的重要征兆，与绝缘材料的劣化和绝缘体的击穿过程密切相关。对电气设备进行局部放电监测，可有效反映设备内部绝缘的潜伏性缺陷和故障，是检测电气设备绝缘缺陷的有效手段。而随着新一代电力系统和能源互联网的演进，传统的运维检修手段已经无法满足电网发展的需求，以物联网为代表的新一代技术的发展和渗透为运检模式的转变带来了新思路，将边缘计算应用到局部放电监测等运检体系中是推进智能运检管理模式变革的战略之一。

图2-4是基于物联网边缘计算的局部放电监测装置，该装置包括超声智能传感器和边缘节点，超声智能传感器与边缘节点连接。超声智能传感器用于采集电气设备局部放电时产生的超声波信号，并将采集的数据传输至边缘节点。边缘节点用于收集超声智能传感器采集的数据，并对数据进行筛选和分析，根据分析结果调整超声智能传感器的采集策略，将筛选后的数据上传至云端主站。

超声智能传感器包括传感单元、调理单元、MCU单元、通信单元和供电单元。其中，传感单元检测电气设备内部发生局部放电时的局部放电超声波信号；调理单元将采集的局部放电超声波信号放大、模数转换，得到局部放电超声波数据；MCU单元接收调理单元转换的局部放电超声波数据，根据边缘节点的指令对超声智能传感器的采集策略进行调整；通信单元将调整后的局部放电超声波数据传输至边缘节点，接收边缘节点下达的指令，实现局部放电超声波数据的传输和指令的接收；供电单元为传感单元、调理单元、MCU

单元、通信单元提供电能。

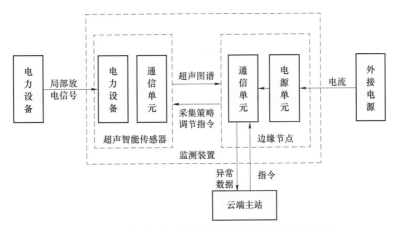

图2-4 基于物联网边缘计算的局部放电监测装置

（2）GIS 设备状态智能监控系统。

随着智能电网的建设发展，电网 35kV 以上变电站中大量使用 GIS（气体绝缘金属封闭开关）设备，GIS 设备数量庞大，涉及众多厂家和众多型号，对设备状态监测以及智能化运维提出了更高的要求。例如，GIS 设备中的断路器大部分缺陷原因为产品质量不良，主要体现在 SF_6 气体压力异常、断路器运行后 6～10 年内出现漏气故障发生较多、元器件损坏缺陷、加热器损坏缺陷等。需通过电力传感器、无线传感器、人工智能、边缘计算等技术，提高 SF_6 气体泄漏监测、GIS 设备的运行状态监控与智能诊断水平。

图 2-5 是基于边缘计算技术的 GIS 设备状态智能监控系统，包括状态传感器终端、数据节点装置和智能监控中心。其中，状态传感器终端将采集到的状态数据汇集到数据节点装置，开展电力物联网边缘计算，并通过传输网络连接到智能监控中心；状态监测传感器终端用于实时数据采集相关状态参量，接受并执行有限的边缘计算任务；数据节点装置用于数据的汇集，接受并执行边缘计算任务；智能监控中心用于对 GIS 设备状态进行设备物联管理、智能评估分析及高级应用，并将优化的边缘计算算法模型和 SG-CIM 数据模型配置到数据节点装置。

状态传感器终端包括：安装于 GIS 断路器设备的超声局放传感器单元、特高频局放传感器单元、SF_6 微水含量传感器单元、声响声纹传感器单元、开关分合闸电气特性传感器和设备机械特性传感器单元。状态传感器终端用于实时采集 GIS 断路器设备运行状态的相关环境量、物理量、状态量和电气量的状态参量。传输网络包括现场传感器传输网络和电力传输网络。其中，现场传感器传输网络包括无线传感网和有线传输网络，用于实现无线/有线传感器数据上传至网络节点、网络节点设备间的无线/有线组网以及节点设备对传感数据来开展边缘计算。电力传输网络包括接入控制器和接入网关设备，基于电力网络提供数据传输通道。智能监控中心具体包括物联管理层、应用平台层和数据分析层。

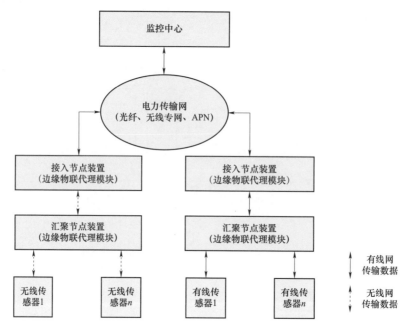

图 2-5 基于边缘计算技术的 GIS 设备状态智能监控系统

（3）10kV 开关设备智能化运检系统。

传统配电站房及开关站的开关设备运检依靠人工巡视、手持设备检测、滞后性安排试验测试、突发故障抢修，存在复电效率低、发现设备缺陷不准确不及时导致的设备损坏率高等问题。另外，配电网存在开关设备故障致停电停机、容许的定时停电检修时间缩短、缺乏有经验运维人员、开关设备实际工作状态难以准确获知等突出问题。而且，配电侧、用电侧终端采集监控覆盖不足，实时性不强。站内终端智能化和双向交互水平差，数据采集主要为基本电参量，缺少预防性维护及诊断信息。

图 2-6 为基于边缘计算的 10kV 开关设备智能化运检系统，包括 10kV 开关柜二次部分模块、10kV 开关柜一次部分模块、传感指示器模块、数据汇集模块、开关柜边缘计算设备模块和开关柜边缘计算数据分析模块。开关柜边缘计算设备模块与 10kV 开关柜二次部分模块、传感指示器模块、数据汇集模块和开关柜边缘计算数据分析模块分别连接；10kV 开关柜一次部分模块与二次部分模块和传感指示器模块分别连接；数据汇集模块还与二次部分模块连接，能够实时监测开关设备运行状态，降低总停电时间，提升供电可靠性。

10kV 开关柜一次部分模块包括开关触臂、断路器机构、真空灭弧室、隔离开关、断路器、框架底座、电缆室和智能钥匙锁。传感指示器模块包括短路/接地故障指示器、气体压力指示器、温度传感器、智能角度传感器、霍尔传感器、电压互感器、电流互感器、局部放电检测器、图像摄影器和故障录波器等。10kV 开关柜二次部分模块通过航空插头从 10kV 开关柜一次部分模块取得设备的信号及相关信息；设备的信号及相关信息包括断路器分合闸信号、断路器位置信号、本地/远程控制信号、开关操作次数、保护动作信号、高压带电信号和远方负载投切信号。

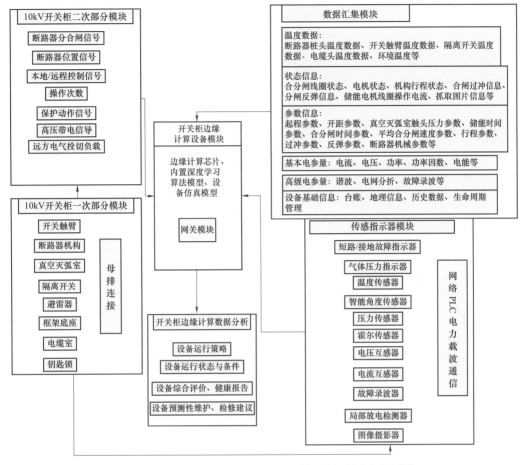

图2-6 基于边缘计算的10kV开关设备智能化运检系统

第四节 智能监测技术

一、智能监测技术

1. 定义

智能监测技术通过使用计算机图像视觉分析技术，通过将场景中背景和目标分离进而分析并追踪在摄像机场景内的目标。用户可以根据分析模块，通过在不同摄像机的场景中预设不同的非法规则，一旦目标在场景中出现了违反预定义规则的行为，系统会自动发出告警信息，监控指挥平台自动弹出报警信息并发出警示音，并触发联动相关的设备。用户可以通过点击报警信息，实现报警的场景重组并采取相关预警措施。

2. 电气设备在线监测技术的原理

电气设备在线监测技术是顺应计算机信息技术发展而产生的，其原理是通过对电网运行状态下的电气设备信号进行采集、整理和传输，达到对电气设备带电且运行状态下在线监测的目的。简而言之就是通过传感系统对设备的各种信号进行接收和整合，然后将这些信号变成数据信息传送到信息处理中心，这些信息通过数据分析体系的整理之后再输出并呈现给需要该信息的人员，从而使得电气设备的运行状态更直观，使用起来更便捷。

3. 电气设备在线监测技术的优点

在线监测技术的全程监控让检修人员能够从设备所处的状态出发，有的放矢地选用有效的检修方案，这样一来检修工作就更加高效，能最大限度地避免无效维修或者过度维修的情况。电网设备的维修工作到位，确保电气设备的运行状态处于优良的状况，有利于设备被发挥和利用到极限。图2-7所示是在线监测预警系统。

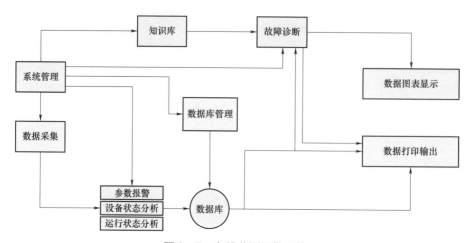

图2-7 在线监测预警系统

将监测技术运用在电力系统的内部，可以实现对电力系统运行过程的实时监控，一旦出现任何问题，都可以及时、有效地解决，从而提高电力系统的工作效率。从当前电力系统自动化中智能监控技术的应用现状来看，它主要有以下几个方面的优点：

（1）在电力系统运行的过程中，智能监控系统呈现出图形化的用户界面结构，将电力系统具体的位图动画、运动趋势、表盘数据等都使用图形直观地表现出来，让相关工作人员可以实时了解电力系统运行的整体状态，为电力系统的安全、稳定运行提供有力的保障。

（2）从当前我国智能监控系统的运用现状来看，智能监控系统不仅可以实现对电力系统运行全过程的实时监控，还具有置数、遥控闭锁、遥控图形界面和实时报警等功能。

（3）随着现代科学技术的不断发展，智能监控技术也在不断地更新和升级，尤其是在具体的监控过程中，可以将电力系统运行的实际情况作为基本依据，重新建构电力系统的结构，以满足电力系统的监控需求。例如，在对低压进线、高压进线、回路和电源切换等部分进行监控时，智能监控技术可以采用分层分布式的结构对系统内部结构进行优化，从而达到优化电力系统监控的目的。

（4）在电力系统运行的过程中，智能监控系统不仅可以对变压器、主控层和控制层等多个方面的温度变化进行全面的监测，还可以对各种各样的信号进行监测，比如非电量信号、开关量、报警信号等。总之，将智能监控系统运用在电力系统中，不仅可以有效提高电力生产的安全性和可靠性，还在一定程度上能提高电力系统内部管理效率。

二、智能监测技术在电网中的应用

随着超、特高压输电工程的建设和发展，互联电网的覆盖区域逐步扩大，输变电设备运行安全对电网安全可靠运行的影响更为突出。对输变电设备进行状态监测、故障诊断及全寿命周期管理，对于提高输变电设备的运行可靠性与利用率，实现设备的优化管理具有重要意义与应用价值。

在设备状态监测方面，智能监测系统建设是以状态可视化、管控虚拟化、平台集约化、信息互动化为目标，实现设备运行状态可观测、生产全过程可监控、风险可预警的智能化信息系统，其功能需求包括电网系统级的全景实时状态监测、电网设备全寿命周期状态检修、基于态势的最优化灵活运行方式、及时可靠的运行预警、实时在线仿真与辅助决策支持、电网装备持续改进等。设备监测不仅包含电网装备的状态信息，如设备健康状态、设备运行曲线等，还包含电网运行的实时信息，如机组工况、电网工况等。

输电线路状态在线监测是物联网重要的应用之一，利用该技术可以提高对输电线路运行状况的感知能力，可监测的内容主要包括气象条件、覆冰、导地线微风振动、导线温度与弧垂、输电线路风偏、铁塔倾斜、污秽度等。在 500、220kV 高压输电路上部署导线舞动、微气象、微风振动、覆冰、风偏、导线温度、视频等感知设备，实现输电线路的实时在线监控及动态增容，并解决传感器带状网络部署、远距离传输、系统长寿命等关键问题。

在变电设备巡检方面，主要指借助电力设备、杆塔上安装的射频识别标签，记录该设备的数据信息，包括编号、建成日期、日常维护、修理过程及次数。此外，还可记录杆塔相关地理位置和经纬度坐标，以便构建基于地理信息系统的电力网分布图。在电力巡检管理方面，通过射频识别、全球定位系统、地理信息系统及无线通信网，监控设备运行环境，掌握运行状态信息，通过识别标签辅助设备定位，实现人员的到位监督，指导巡检人员按照标准化与规范化的工作流程进行辅助状态检修与标准化作业等。

第五节 5G 技术在智能监测技术中的应用

数据交换与共享是智能监测架构的基础，其中通信网络贯穿智能监测系统全部的体系架构。通信技术是智能监测系统的核心技术之一，是实现万物互联的基本组成部分。可以通过不同类型的通信网络进行互联，而最新发展的 5G 通信具有独特的优势。

一、5G 通信的特征

5G 被视为物联网发展的基础。基于不同场景的 5G 切片网络通信技术被认为是解决电力系统全息感知、泛在连接的关键所在。未来 5G 通信应该至少包含以下 5 个方面的基本特征，即高速率、高容量、高可靠性、低时延与低能耗。

（1）高速率。5G 通信速率包含峰值速率、区域速率和边缘速率三个指标。峰值速率是指最好条件下的最大速率，要求不低于 20Gbit/s；区域速率是指通信系统同时支持的总速率，一般用单位面积速率描述，较 4G 通信将提升 1000 倍以上；边缘速率（5%速率）是指最差的 5%分位数用户获取的通信速率，一般要求为 100Mbit/s～1Gbit/s。电力服务面广，需要采集包括系统实时量测数据、视频监控数据等在内的海量数据，高速率为海量数据传输提供了强有力支撑。

（2）高容量。传统 4G 通信所连的终端数量有限，一般以手机为主，而 5G 通信能够连接海量设备，每平方千米可以支撑 100 万个移动终端，包括家用电器、各种穿戴设备等，为实现电力系统中的万物信息互联提供了巨大的想象空间。

（3）高可靠性。5G 发送一个 32 字节的第 2 层协议数据单元的成功概率高达 99.999%，电力通信可靠性也将有效提升电力系统本身可靠性。

（4）低时延。通信时延是指信息从一端传输到另一端需要的时间，传统 4G 通信的时延约为 50ms，对于人与人之间的通话影响不大，而对于某些工业应用场景并不适用。电力系统存在许多协同控制的场景，电力以光速传播，5G 通信空口时延达到 1ms，端到端时延小于 10ms，为电力系统及时灵活响应各种变化提供支撑。

（5）低能耗。如果传感器与通信设备需要经常更换电池或者充电，则会给万物互联的物联网带来极大阻碍。5G 通信通过优化通信硬件协议等而具备的低能耗特点将有效解决该问题。

二、5G 通信的应用

对于电力物联网，5G 通信将在万物互联、精准控制、海量量测、宽带通信、高效计算 5 个方面具有广泛的应用。

1. 万物互联

我国几乎实现了电力网络的全覆盖，电力网络末端连接成千上万个用电设备，让所有或者绝大多数电力相关实物实现信息互联将给电力系统带来无限想象空间。所有的家用电器互联，不仅能实现每个家庭的智能家居，还能协调不同的家庭，实现楼宇、小区甚至某个区域的集群智能用电；所有的电动汽车互联，不仅为未来的充电桩的运营提供支撑，还能够打造智慧城市和智能交通；所有配变电装置互联，能够实现实时监测、评估甚至预测电力系统的运行健康状态，保障整个配电系统的安全可靠运行。需要指出的是，输电网主要由输变电设备构成，通过同步光纤已经实现了信息互联。但是对于配电网，在没有 5G 通信的时代，最后一公里的信息互联互通目前仅仅是电气物理接连，信息互联还远远不够；而 5G 通信能够真正经济而高效地使能配电网络，实现万物互联。

2. 精准控制

电力以光速传播，需要及时响应电力系统中的各种变化，实现精准控制。

在需求响应方面，传统需求响应主要是为了减小需求侧峰谷差，但随着高比例可再生能源并网，面向调频等更短时间尺度的动态需求响应显得尤为重要。海量用电设备之间的协调控制对通信低时延提出了要求，而 10ms 的通信时延能够很好满足秒级的调频需求。在储能控制方面，无论网端还是用户侧的储能安装量不断增加，储能等并网需要考虑不同储能系统之间的协调控制。此外，在云储能、共享储能这样全新的商业模式下，储能的运营还需要考虑海量用户的差异化需求与互动，海量的控制信号交换需要在较短时间内完成。

在配电自动化方面，配电网可能会出现短路、断路等各种故障，这种情况下需要快速故障切除。此外，继电保护装置需要对信号进行综合分析，判断故障类型以正确做出动作。以差动保护为例，需要实时计算比较线路两端保护装置的量测值，如果两端量测存在较大时差，就有可能"差之毫厘，谬以千里。"在电力电子设备控制方面，未来配电网将接入越来越多的电力电子装置，以实现可再生能源接入、储能接入、无功补偿、电能质量改善等。电力电子装置对控制精度要求较高，特别是有时候需要 2 个甚至多个电力电子装置的分布式协调控制。

3. 海量量测

在大数据时代，采集海量多元化数据是开展大数据分析的基础。传统的电力系统虽然已经安装大量的传感器，但限于通信压力，很多数据仅保留了最基本的信息，细粒度信息的缺失极大制约了大数据分析在电力系统中的实际应用。5G 通信使得万物互联，可以促进电力系统安装更多传感器，实现更多元化的数据采集。在海量用电数据采集方面中国虽然具有较高的智能电能表普及率，但很多智能电能表并不上传 0.5h 的用电数据，仅保留每天的用电量，使用户用电行为分析不够精确。5G 通信速率高，能够实现海量用电数据的及时采集，甚至包括某些更细粒度的家庭设备用电数据。非侵入式辨识技术在 20 世纪 70 年代就开始研究，但至今没有大范围的实用，其重要原因之一就是非侵入式辨识需要至少秒级的用电功率数据，对于传统载波通信而言难以实施；而 5G 通信时代使秒级甚至更细粒度的数据采集成为可能，也为用电大数据分析、构建电力用户行为模型、促进广泛的用户互动提供了数据基础。在电网运行状态监测方面，目前主要是对输电网络的运行状态进行监控，而对配电网络的监测较少。5G 通信较光纤通信成本较低，能保证通信的可靠性和实时性，可以在配电网不同节点安装传感单元，实时感知配电网络的运行状态（电压幅值相角、注入有功无功等），为配电网拓扑辨识、潮流分析、参数估计等提供支撑。目前已有相关实践，在配电网某些关键区域安装微型同步相角量测单元（micro-PMU），为配电系统中的各种故障监测提供支撑。在这种情况下，海量的 PMU 数据传输也需要 5G 通信的支撑。此外，低时延的 5G 通信数据传输也为微型 PMU 的同步对时提供了新的机遇。

在电力设备状态监测方面，变压器、配电线路等电气设备的健康运行是整个配电系统运行的重要保障。传统电力系统主要对高压设备运行状态进行检测，而 5G 通信时代的电力物联网中，配电网中海量电力设备也将实现信息互联互通，实时监测电力设备各项参数，也感知外界环境（如温度等）的变化，能够帮助调度决策者进行综合分析，评估电力设备运行状态,为电力设备检修安排等提供参考。在电动汽车管理方面,随着电动汽车普及率不断提高,交通网和电力网的耦合程度不断提升,如果海量电动汽车的出行规律、电池使用状态以及充电桩充放电等数据能够实时获取并交换,对于车主和配电网运营商的最优决策可以提供帮助。

4. 宽带通信

海量量测数据采集主要面向结构化的电气量等数据,而在电力物联网中还需要采集语音、视频等海量的非结构化数据,以实现全方位的配电网感知和更优质的个性化服务。在视频远程监控方面,无人机巡检是一种高效的电力网络监测方式,通过无人机拍摄电力线路或者设备的视频,工作人员以此判断线路或者设备的健康状态。5G 通信能够高速率传输相应的视频通信,优化决策者体验。

除传统变压器、线路等需要巡视机器人或者无人机之外,分布式光伏板、储能等装置有时也需要进行视频监测,获取对光伏板沾灰量、储能外部装置安全程度等信息,以便于开展清洗、加固等工作。5G 通信在未来物联网中的一个典型应用就是远程医疗,通过对病人身体指标各方面的量测及视频监测,医生能够开展远程诊断,极大方便患者就医治疗。配电系统也是如此,需要通过各方面海量量测及视频监测,使配电网运营商等实现对配电系统的"健康诊断和治疗"。

在 5G 通信时代,电力物联网可以打造电力虚拟现实。例如,对量测到的配电网的海量数据及视频进行处理,展现配电网络全景图,还能够根据运营商选择不同区域来了解其细节,助力打造透明配电网。又如通过虚拟现实,设计不同的仿真培训系统,有针对性地对员工进行巡检、管理等方面的培训,节约培训成本。

5. 高效计算

为了保证电力系统的安全可靠运行,需要进行大量运算,例如最优潮流计算、最优控制计算、稳定性计算等。除此之外,还有随着海量数据采集带来的大数据计算,例如海量曲线聚类分析等。这些计算可能存在较高的时空复杂度,需要高效的计算方法,电力物联网时代云计算和边缘计算将有广泛的"用武之地"。

在云计算方面,小型售电商或者用户不拥有大量的计算资源,此时可以通过云计算开展运营决策、智能家庭能源管理等,把计算任务搬到云端,通过 5G 通信来保障计算边界条件与计算结果的高效传递,从而实现各种控制。不同配电网参与主体还能够对自己的数据进行云存储,打造相应的数据云平台。在边缘计算方面,由于数据本身分布在不同节点,此时若将所有数据集成到一个云端则必要性不大,也存在信息安全隐患。分布式的数据在边缘侧直接进行计算,通过不同边缘计算的协调获取全局结果。例如,在多主体配电网中开展最优潮流分析或者电压控制时,可以设计相应的分布式优化算法来开展边缘计算,既提升效率又保护隐私;又如,海量用电数据存储在不同的数据中心,可以设计分布式聚类算法,通过边缘之间的通信迭代,来获取全局聚类结果,从而实现海量用户用电模式的提取。

5G 通信将重塑未来生活方式，也将重塑"物理—信息—社会"深度耦合的电力与能源系统。5G 通信时代下的电力物联网将焕发更多生机，更好地促进电力和信息的互联互通。

第六节　智能监测系统

输电线路是我国电力系统和能源互联网最重要的基础设施之一，架空输电线路绝大部分位于地形复杂、环境恶劣的地方，具有分布区域广、传输距离远、长期裸露在野外、运维困难等特点，极易受到各种自然灾害的影响，发生故障后影响范围广、经济损失大，有必要对其采取有效的安全监测手段。输电线路在线监测装置可以克服或部分解决现有技术所存在问题。输电线路状态监测装置分为通道环境监测装置和线路设备监测装置两大类，分别用于监测不同对象，即输电线路通道环境和输电线路本体。

一、线路设备监测装置

线路设备监测装置包括基础监测模块、杆塔监测模块、导/地线监测模块、绝缘子串监测模块等模块。其中，基础监测模块包括基础沉降监测装置、地质滑坡监测装置中的一种或多种。基础沉降监测装置用于监测输电线路杆塔基础是否发生沉降及沉降幅度，地质滑坡监测装置用于监测输电线路周边是否发生地质滑坡现象。杆塔监测模块包括杆塔倾斜监测装置，用于监测杆塔在顺线、横线方向的倾斜角度、偏斜角和倾斜度。导/地线监测模块包括覆冰监测装置、微风振动监测装置、舞动监测装置、导线温度监测装置、导线弧垂监测装置中的一种或多种。绝缘子串监测模块包括风偏监测装置、现场污秽度监测装置、泄漏电流监测装置中的一种或多种。

以下介绍一种典型的线路设备监测中的微风振动系统。

目前，对导/地线微风振动有离线测量和在线监测两种现场监测技术。对微风振动进行在线监测，不但能实现长期连续测量，获取准确的测量数据，分析判断微风振动的水平和导线的疲劳寿命，而且便于进行故障诊断，分析查找原因，便于研究导/地线振动水平与气象条件的关系，能及早发现导/地线振动隐患，及时排除故障，大大提高线路运行的安全性和可靠性。

微风振动监测系统的感知层可采集导/地线的弯曲振幅、频率和线路周围的风速、风向、气温、湿度等气象环境参数，运用后端网络层专家系统软件在线分析判断线路微风振动的水平和导线的疲劳寿命，将数据传入平台层，进行微风振动的大数据互联，最后通过对微风振动的风险评估，采取相应的措施。

输电线路微风振动系统结构如图 2-8 所示。系统采用二级网络结构，由振动监测单元、气象监测单元、在线监测基站和当地监测中心组成，其中振动监测单元安装在导/地线上，气象监测单元和在线监测基站安装在杆塔上。这些监测单元共同构成该系统的感知层，感知层将信息传递到网络层，在电网公司监测中心完成网络层和平台层的处理。通过将实测的数据和其他的系统结合，完成监测与应用。

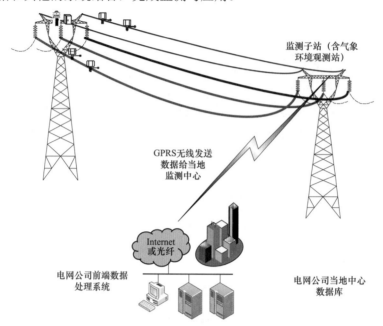

图2-8 输电线路微风振动系统结构

根据微风振动的特点，当导/地线的张力较大、悬挂点高、线路档距长且经过地形开阔区时，易产生较大微风振动，因此微风振动在线监测系统主要应用在跨越河流、峡谷、山口、河谷的大跨越或位于平坦地形的典型大档距，以及发生过断股或观测到较大振动的档距。

根据防振装置的室内试验结果和现场运行经验，微风振动监测装置的安装位置选择在导/地线、OPGW 疲劳危险点，典型位置一般有阻尼线夹头、防振锤夹头、间隔棒夹头、悬垂线夹出口、护线条端部、接续金具端部等。采用提示、预警、报警三级预警机制。在达到提示、预警、报警值时，借助色彩、声音、光等手段，采用页面、短信、邮件等形式，发送预警信息。根据应用累积损伤理论，预测导线疲劳寿命。由微风振动数据计算累计疲劳损伤，由累计疲劳损伤得到疲劳寿命。根据疲劳寿命预测柱状图以及状态分析，提出检修建议。

二、通道环境监测装置

通道环境监测装置包括气象环境监测模块和通道状况监测模块，气象环境监测模块包括微气象监测系统，通道状况监测模块包括图像监控装置、视频监控装置中的一种或多种。

1. 微气象监测系统

微气象监测系统主要由前端采集部分、数据传输部分和后端处理系统组成，如图2-9所示。

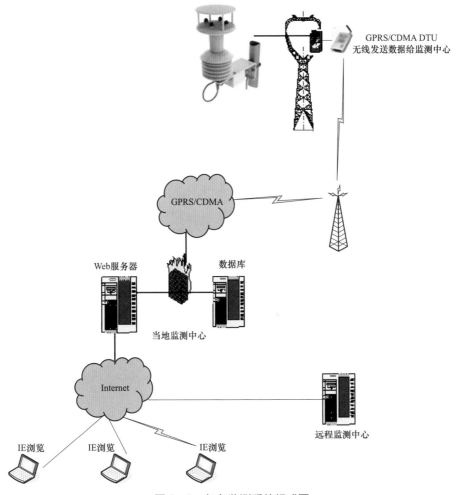

图 2-9 气象监测系统组成图

前端采集部分为采用可靠的气压测量传感器、温度传感器、湿度传感器、风向和风力测量传感器、雨量传感器和日照测量传感器进行综合气象信息采集的气象站系统。数据传输部分采用 GPRS/CDMA 无线或光纤通信等方式,将前端气象站采集的量值通过安全方式传输到后端监测中心前置系统。后端处理系统接收前端设备采集的原始监测量,调用各种模型进行分析和存储,调用专家库进行统计分析和预警。

输电线路的安全、维护等与气象条件有着密不可分的关系,充分利用微气象信息有助于分析和研究导线微风振动、弧垂、导线温度、舞动、覆冰、杆塔倾斜等线路运行危害,合理安排线路运行及状态检修,有效保证线路安全、经济运行,为掌握复杂条件下线路的运行实况提供了一种有效的技术手段。特别是在大雨、大雪、大风等气象条件下,积累大量的线路运行第一手资料,可为线路的规划设计及状态检修的实施提供依据。

在微气象在线监测系统中，运用先进的传感器设备，在线路杆塔上构建采集气压、温度、风向风力等气象值的气象站，通过 GPRS/CDMA 无线网络、无线 AP 中继、光纤通信等可靠数据传输信道，传回后端数据中心进行数据展示、查询分析统计和预警。

2. 图像/视频监测系统

图像/视频监测系统以远程视频和图像采集技术为手段进行输电线路在线监测，工作人员可以及时、直观地了解输电线路的现场情况。图像/视频监测系统可协助运行部门有效避免各类电力事故，并可大大减轻巡线人员的劳动强度，提高巡线和检修效率，使线路运行可控、能控、在控。

图像/视频监测涉及图像处理、目标追踪、模式识别、软件工程、数字信号处理等多门学科，将数字图像/视频信息通过网络传送到识别中心，根据需要对数字图像/视频进行分析、处理和识别，能够更加充分的发挥图像/视频监控的作用，并提高监控系统的自动化水平。

在没有人员操作的情况下，监测装置自动采集，每天至少每预置位拍摄两张照片。图像/视频监控系统的关键技术可以分为以下几个部分：

（1）系统架构。C/S（客户端/服务器体系）目前主要用于监控点比较固定、对监控的稳定性和安全性要求比较高的项目，例如监控中心，用户软件需要长期运行进行轮循等操作。B/S（浏览器/服务器体系）则更适合流动性强、时间较短的监控，可以通过设置不同的权限来实现多客户访问不同权限内容，交互性较强且方便，有 Web 浏览器即可访问。

（2）智能识别算法。是图像/视频监控系统的核心与灵魂，是体现系统智能的关键因素。智能分析算法对摄像机输入的视频流/图像流经过预处理措施来改善图像质量，分析图像中物体的外围轮廓在图像流中的移动变化，标识图像中的特定物体，并与违规事件进行对比分析，最终实现智能识别。

（3）系统平台。算法可以认为是将基本运算及运算顺序构建成解决问题的一种思路和方法，是一些数学抽象和逻辑流程，需要使用具体的软硬件技术来实现。由于智能识别算法比较复杂、运算量庞大，因此需要使用一个系统平台来完成这个过程。在选择具体系统平台时，能否达到算法的实时要求是衡量平台性能的一个重要依据。

（4）图像传输方式。目前嵌入式图像/视频监控系统一般采用网络进行视频和图像传输，在网络中传输视频信息，可以采取无线或有线的方式。由于带宽的限制，即使采用视频流压缩编码方式进行传输，传输效果也并不理想。

（5）视频源类型。可以分为模拟摄像机和网络摄像机。模拟摄像机由于使用同轴电缆传输，存在信号的衰减，必须在前端的嵌入式设备中将模拟信号数字化，或者通过电缆传输到客户端上进行数字化。

湖北、浙江、江苏省电力公司的图像/视频监控系统的拓扑结构如图 2-10 所示。

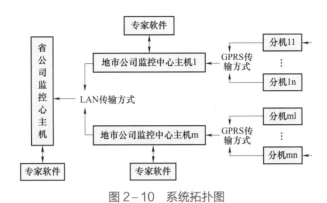

图 2-10 系统拓扑图

整个系统主要由省公司监控中心主机、地市局监控中心主机、线路监测分机、专家软件组成。将线路监测分机安装在线路杆塔，监测分机定时或实时完成现场图片、环境温度、湿度、风速、风向等信息的采集，通过 GPRS 网络通信模块发送至监控中心或相关管理人员的手机上，运行人员可根据图片信息查看杆塔附近现场。监控中心可对线路监测分机进行远程参数设置，如调节分辨率、焦距、云台旋转以及采样时间间隔、分机系统时间、实时图片请求等。各地市公司的监控中心与省公司监控中心采用 LAN 方式组网，省公司监控中心可以直接调用各地市公司监控中心的各杆塔的图片信息以及环境参数等数据，直观了解该省相应线路的杆塔情况。管理人员通过及时了解现场信息，可有效减少由于导线覆冰、洪水冲刷、不良地质、火灾、导线舞动、通道树木长高、线路大跨越、导线悬挂异物、线路周围建筑施工、塔材被盗等因素引起的电力事故。

第七节　智能监测技术标准体系

一、标准体系架构

Q/GDW 1242—2015《输电线路状态监测装置通用技术规范》是输电线路状态监测技术的纲领性规范，规定了除状态监测主站以外的输电线路状态监测装置的分类与组成、功能要求、技术要求、数据传输规约、供电电源、试验检验等内容，用以指导装置的设计、生产、入网检测和应用。在此基础上，国家电网有限公司组织起草并发布了气象、导线温度、微风振动、等值覆冰厚度、导线舞动、导线弧垂、风偏、现场污秽度、杆塔倾斜、图像、视频监测装置的单项技术规范，并且根据架空线路监测技术面临的电源、通信难点以及装置质量问题，提出了太阳能电源技术规范、试验检测标准以及安装调试与验收标准等专用技术规范，加上《输变电设备状态监测系统技术导则》的主站部分，形成了相对完整的国家电网有限公司输电线路状态监测技术标准体系，如图 2-11 所示。

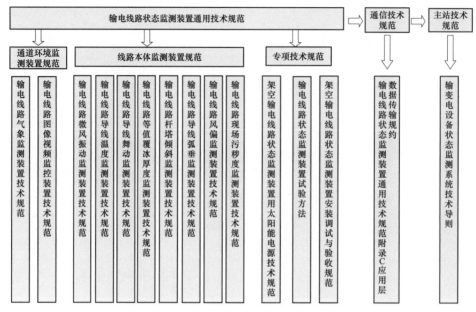

图2-11 国家电网有限公司输电线路状态监测技术标准体系图

以上标准中，《输电线路状态监测装置通用技术规范》在增加中国南方电网公司输电线路状态监测系统通信规约以后，已经上升为国家标准 GB/T 35697—2017《架空输电线路在线监测装置通用技术规范》，《输电线路等值覆冰厚度监测装置技术规范》已经上升为电力行业标准 DL/T 1508—2016《架空输电线路导地线覆冰监测装置》。

二、标准技术内容简介

《输电线路状态监测装置通用技术规范》除了技术要求等内容以外，还给出了监测装置简单、可靠、适用以及标准化、模块化、小型化、低功耗的设计原则，将状态监测装置分为数据采集单元、数据监测终端、供电电源三部分，其中数据监测终端就是通常理解的数据接入汇聚装置。

输电线路状态监测装置分为通道环境监测装置和线路本体监测装置两大类，具体内容如表2-1所示。

表2-1　　　　　　　　　　输电线路状态监测装置分类表

门类	对象	典型监测装置类型	说明
通道环境监测装置	气象环境	气象监测装置、现场污秽度监测装置	不限于通道监控，也可以用于线路本体监控
	通道状况	图像监控装置、视频监控装置	
线路本体监测装置	基础	基础沉降监测装置	
	杆塔	杆塔倾斜监测装置	
	导/地线	覆冰监测装置、微风振动监测装置、舞动监测装置、导线温度监测装置、导线弧垂监测装置	
	绝缘子串	风偏监测装置、现场污秽度监测装置	

门类	对象	典型监测装置类型	说明
线路本体监测装置	金具	金具温度监测装置	已与导线温度监测装置合并
	接地装置	接地电阻监测装置	
	附属设施	拉线张力监测装置	

输电线路状态监测装置的功能、性能等典型技术要求如表 2-2 所示。

表 2-2　　　　　　　　　　输电线路状态监测装置典型技术要求

序号	技术要求分类	部分典型技术要求
1	装置功能	监测装置应具备数据采集、处理、远程传输、电源管理、远程维护功能
2	存储性能	图像应循环存储至少 30 天,视频应循环存储至少 60min,音频应循环存储至少 2 天,其他数据应循环存储至少 90 天
3	安全性能	安装在导/地线上的监测装置的质量应小于 2.5kg,其中导/地线微风振动采集单元的质量应小于 1.0kg,不应对导/地线有磨损或其他机械伤害,不应明显降低相间距离、对地距离和对杆塔的电气间隙
4	通信方式	数据监测终端与数据采集单元之间宜支持串行通信、短距离无线通信方式,监测装置与主站系统之间宜支持无线网络通信、光纤通信、卫星通信方式
5	传输规约	监测装置与主站系统之间的数据传输应满足监测数据、控制及配置数据、装置工作状态、远程图像 4 类报文格式要求
6	供电电源	在输电线路杆塔上,宜采用太阳能板加蓄电池等供电方式;在输电线路导/地线上,宜采用感应取能或高能电池供电等方式;杆塔上供电电源应配置独立的充放电控制器,供电电源标称电压为 DC+12V
7	其他性能要求	环境适应性能(低温、高温、交变湿热、温度变化、覆冰、盐雾腐蚀、老化)、电磁兼容性能、电气性能(电晕和无线电干扰、电流耐受、温升、雷击)、机械性能、包装运输性能等满足相关要求
8	可靠性	监测装置的平均无故障工作时间不应低于 25 000h、监测装置的使用寿命不应少于 8 年,其中蓄电池的使用寿命不应低于 4 年,太阳能板的使用寿命不应低于 20 年、数据缺失率应小于 1%

在《输电线路状态监测装置通用技术规范》的框架下,各分项监测装置标准、电源标准、试验标准、安装调试与验收标准给出了对监测装置更加详细和全面的技术要求。

其中,Q/GDW 1243—2015《输电线路气象监测装置技术规范》等 10 类监测装置技术规范对传感器的选型、装置功能、性能等内容给出了更细化的专项要求。例如,针对现场恶劣的气象和电磁环境,对气象监测装置风速风向传感器,一般应选择超声波式风速风向传感器;对采用感应取能供电的导线温度监测装置温度采集单元,其最小启动电流应不大于 50A;导线用拉力传感器比被替代金具连接高度的增加不宜超过 50mm 等。

Q/GDW 11093—2013《架空输电线路状态监测装置用太阳能电源技术规范》主要是针对线路监测装置应用过程中两大质量影响因素之一的电源问题,列出了适用于杆塔野外环境的太阳能电源的选型、功能、组成、性能等方面的要求,并给出了太阳能电池方阵和蓄电池容量计算等参考方法,确保监测装置得到充足、可靠的供电。根据应用情况,修订的 Q/GDW 1242—2015《输电线路状态监测装置通用技术规范》对供电电源要求进行了改进和扩充，例如：将单块太阳能电池组件的尺寸改为应不超过 800mm×700mm；蓄电池（组）在无充电情况下，配置容量应满足监测装置正常工作情况下不少于 30 天的供电时间；对视频监控装置，在每天全功率工作不低于 1h 的情况下，蓄电池单独供电时间应大于 20 天等。

Q/GDW 11449—2015《输电线路状态监测装置试验方法》主要规定了监测装置的试验项目、试验方法及判定准则，主要由高低温、导线电流耐受试验等通用试验以及微风振动监测装置准确度试验等专用试验组成。

Q/GDW 11448—2015《架空输电线路状态监测装置安装调试与验收规范》是对架空输电线路工程中使用的微风振动、等值覆冰厚度、导线舞动、导线弧垂等 11 类状态监测装置的安装调试与验收内容提出了更加细化、可现场操作的要求，包括装置安装前准备工作、安装调试一般要求、安装调试典型流程以及通用部件安装要求等内容，例如：导线温度采集单元一般应安装在线夹外 1m 处，微风振动监测装置测量点一般选择在悬垂线夹出口、阻尼线夹头、防振锤夹头、护线条端部、间隔棒夹头、接续金具端部等。

目前，关于输电线路状态监测主站系统没有单独的国家电网公司企业标准，Q/GDW 561—2010《输变电设备状态监测系统技术导则》对涵盖输电和变电类型在内的输电线路状态监测主站的功能做了概要的规定，包括状态监测数据库、状态监测数据的二次加工、状态监测数据服务、监测与告警等应用功能。

第三章

输电线路协同巡检

随着输电线路规模持续增长，传统输电线路巡检模式已不能完全适应实际需求。在直升机巡检、无人机巡检技术逐步推广应用的基础上，电网公司正在积极推广应用输电线路直升机、无人机和人工协同的巡检技术，建立协同巡检新模式。本章首先系统介绍直升机巡检、无人机巡检、人工移动巡检的作业简介、巡检系统、巡检作业模式、巡检关键技术等应用情况，再综合考虑各巡检方式的特点和巡检内容，深入分析各方式协同的巡检方式，全面提升巡检质效，促进架空输电线路协同巡检模式的转变。

第一节 直升机巡检

一、直升机电力作业简介

直升机电力作业技术主要包括直升机巡线技术、直升机带电水冲洗技术、直升机带电检修技术、直升机激光扫描、直升机施工技术等。自 2011 年，电力行业已广泛开展直升机常规巡检、通道专项特巡、激光扫描作业、基建验收等电力作业应用，作业区域已覆盖国家电网公司、南方电网公司、内蒙古电力公司等单位。

利用直升机开展电网运维、基建施工、应急救援、勘查设计、科学实验、客货运输等业务，可以充分发挥其工作高效率、高可靠性、高准确性、不受地域影响、可直到现场等特点，是确保电网安全运行，处理自然灾害导致的电网突发事件的有效手段之一。

采用直升机平台通过加装不同作业设备，执行带电水冲洗、带电检修、激光扫描、展放导引绳等作业。目前，国内外电力作业较多的机型有美国贝尔的BELL206L—4、BELL407和 BELL429，美国西科斯基的 S—92、S—64 空中吊车，俄罗斯卡莫夫设计局的卡—32，中国航空工业的 AC313，欧直公司的 EC135 和 EC225，以及 AS350B3、米—26 等直升机。

1. BELL206L—4

BELL206L—4 是美国贝尔公司研制的 7 座单发轻型通用直升机（见图 3-1），主要用于运输、救援、测绘、油田开发及行政勤务等任务。该机型安装一台 507 轴马力（373 千瓦）250—C28 涡轴发动机，最大起飞质量 1814kg。该机型是目前在国内开展直升机电力作业较成熟的机型，而且该机型取得了国际等电位作业认证，可以执行带电作业任务。

图 3-1 BELL206L—4

目前，国网通用航空有限公司已将 BELL206 系列直升机用于巡线、水冲洗直流线路带电绝缘子作业等，成功开展带电检修作业演练、激光扫描作业等项目。BELL206L—4 机型成熟、成本较低，适合在平原丘陵地区作业，并可以进行多种电力作业项目。

2. BELL407

BELL407 是美国贝尔直升机公司研制的单发轻型通用直升机（见图 3-2），它是单旋翼带尾桨式布局，2 片桨叶尾桨具有更大拉力，在风速达到 65km/h 条件下，不管风向如何，均能保证对直升机航向操纵的要求。BELL407 装有一台 250—C47B 涡轴发动机，起飞功率为 813 轴马力，最大连续功率 701 轴马力。

图 3-2 BELL407

BELL407 是 BELL206 的改进机型，主要增加了发动机功率。BELL407 在北美广泛应用于输电线路巡视作业，该机型可提升山区作业的安全可靠裕度，适用于山区分布较多地区的输电线路巡视作业。

3. BELL429

BELL429 是美国贝尔直升机公司一款高性能直升机（见图 3-3）。该型号直升机最大起飞质量 3.175t，有效载荷 1.2t。BELL429 采用了两台普惠公司生产的 PW207D1 发动机，单台发动机 30s 应急功率可达 729 轴马力。

BELL429 的优点在于模块化客舱可以灵活地根据任务进行调整,空间可以达到中型直升机的标准,而且飞行性能可达 A 类,同时满足欧洲的运行标准《联合航空管理规定》(JAR OPS)。BELL429 的另一优势是专门为公务用机设计,易维护性和经济性,相较其竞争对手 EC135 和 A109P 拥有更好的性价比和更低的直接运行费用。

图 3-3 BELL429

BELL429 安全可靠,方便灵活,适用于多种气象环境飞行,可直达灾害现场,适合应急。

4．S—64 空中吊车

S—64 是美国西科斯基公司生产的双发多用途直升机(见图 3-4),S—64 广泛应用于线路施工作业。其特点是为方便大型货物的运输,没有固定的货舱,起落架高度可以通过液压操纵伸长或缩短。目前,美国埃里克森公司提供该机的民用吊装服务。该机主要性能如下:主桨 6 片桨叶,直径 21.95m;尾桨 4 片桨叶,直径 4.88m;空重 8724kg(指不载任何载荷时的质量,包括燃油/弹药/货物/乘客等);最大起飞质量 19 050kg;最大外挂约 11t。

图 3-4 S—64 空中吊车

二、直升机智能巡检系统

直升机智能巡检系统是实现图片采集及处理的核心系统,该系统主要包括吊舱、吊舱控制系统、工控机、可见光监视器、红外监视器和吊舱姿态控制终端,如图 3-5 所示。

吊舱主要集成高清工业相机、高清摄像头、吊舱姿态控制电路、陀螺稳定系统等部件。利用高清工业相机进行图像数据的获取,实现杆塔的高清、快速、多角度成像。使用高清摄像头与工业相机调整为同轴,保证与工业相机的同目标追踪。通过吊舱姿态控制电路进行吊舱姿态调整,通过陀螺稳定系统对传感器光轴进行稳定以获取清晰图像。

吊舱控制系统安装于机舱内部,主要包括数据接收分配处理单元、文件格式转化模块、电源分配模块和姿态控制单元。其中,数据接收分配处理单元主要接收工业相机和高清摄像头数据,通过文件格式转化模块将高清视频数据输出至可见光监视器,实现对拍摄目标的对准。姿态控制单元接收从吊舱姿态控制终端获取的吊舱姿态调整信息，控制吊舱完成姿态调整。电源分配模块主要从机舱电源取电向可见光监视器、吊舱姿态控制终端供电。

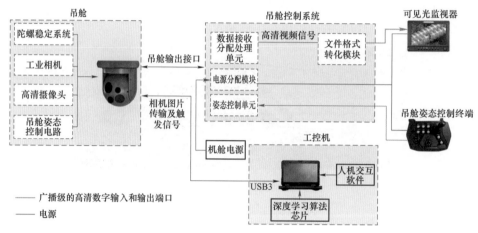

图 3-5　直升机智能巡检系统

工控机的主要功能是全景图片存储、图片处理分析和工业相机控制。内部集成人机交互软件，实现工业相机参数设定、拍摄控制、图片处理分析等功能。

人机交互软件内部集成智能识别算法（全景图片逐级识别算法），依托工控机硬件环境，可实现全景拍摄图片的缺陷初级识别、缺陷图片浏览。缺陷初级识别主要是将含有缺陷的图片从全部全景图片中分离出来，便于将缺陷数据存储迁移至数据中心进行深度分析，实现数据一级筛选；缺陷图片浏览功能便于在现场进行人工校核，以保证数据的准确程度。

数据处理环节包含两级运算：一级运算为现场缺陷数据初级识别现场筛选，可有效降低数据迁移量；二级运算为数据深度分析，将直升机作业现场数据迁移至数据中心，通过深度学习算法进行缺陷数据分析、缺陷标定和同名缺陷关联等环节，实现单张缺陷图片判定和多张图片间同名缺陷关联。

直升机智能巡检图片采集方式中，直升机飞行轨迹为平行于输电线路的走向进行飞行，飞行高度为直升机桨叶与地线平齐，直升机低速通过不悬停。直升机与横担中心点的连线与横担延长线之间的夹角 $\alpha_{on} = -45°$ 时，启动相机开始拍摄，当 $\alpha_{off} = -45°$ 时结束拍摄，全程采用凝视塔头的形式拍摄。不悬停全景图片采集方法示意图（俯视图）如图 3-6 所示。

三、直升机巡检模式

直升机巡检是指巡视人员利用直升机作为平台，采用在直升机上装备的具有陀螺稳定功能的可见光检测、红外检测和紫外检测等技术对输电线路进行巡视检查，实现线路设备在线运行状态检测，实现检测目标的大视场角搜索和小视场角高清精确检测，实现检测设备对输电线路的实时跟踪。

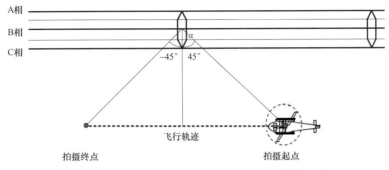

图 3-6　不悬停全景图片采集方法示意图（俯视图）

α—直升机与横担中心点的连线与横担延长线之间的夹角

直升机巡检能判断表面缺陷（通道、铁塔、金具、导地线、绝缘子等缺陷）、内部缺陷（判断接头过热、异常电晕、导地线内部损伤和零劣质绝缘子等缺陷）。当目测、仪器观察和仪器自动检测相结合时（以目测为主），采用计算机处理数据，可以生成设备缺陷清单和缺陷处理意见。

1. 巡检设备

用于超、特高压输电线路巡检的加装设备通常为可见光传感器、红外传感器、陀螺稳定系统、防抖望远镜等。

可见光传感器：采用 1080P 全高清的摄像机，并可进行 10 倍光学变焦，对航巡线路进行全程视频录像。

红外设备：采用波长在 8～9μm 的红外热像仪，可在早期发现发热类型的缺陷。该红外镜头分为宽、窄两个视场角，并可进行 4 倍光学变焦，可细致观察引流板等细小的金具。

陀螺稳定系统：该系统可为吊舱提供 −120°～+15° 的仰俯转动角，以及 360° 的水平方位转动角，可为吊舱提供在 30μrad 范围内的稳定性，能够使吊舱镜头得到稳定的图像。

防抖望远镜：采用俄罗斯军方专用 16 倍机械防抖型望远镜，航巡时有效观察距离最大为 40m。

2. 巡检内容

直升机线路巡检作业时，一名飞行员驾驶直升机，两名航检员对线路进行巡检。其中一名航检员利用红外热像仪对线路上的导线接续管、耐张管、跳线线夹、导/地线线夹、金具、绝缘子等进行拍摄，进行全程红外和可见光录像；另一名航检员应用望远镜、照相机、机载可见光镜头跟踪记录导/地线、杆塔、金具、绝缘子等部件的运行状态、线路走廊内的树木生长、地理环境、交叉跨越等情况。

3. 巡检方式

对于 500kV 交直流线路，采取单侧巡视方式，即在线路一侧巡视时检查铁塔三相导/

地线及金具，巡线时直升机与线路邻近相距离保持在 15～20m。对于 1000kV 和±800kV 线路，采取双侧巡视方式，即在线路一侧巡视时检查铁塔邻近相和中相（部分）导/地线及金具，较远一相和中相（部分）待直升机对另一侧巡视时再检查，巡线时直升机与线路邻近相距离保持在 20～25m。

4. 巡检效果

从国内外超、特高压输电线路直升机巡检的情况来看，技术上已无困难，而且实际使用效果很好。归纳起来，这种新型的巡线方式具有以下优点：

（1）巡线质量高。直升机能搭载多种机载检测设备，直观、有效地检测超、特高压输电线路设备的各种缺陷：金属连接元件松动而发热、导/地线断股而发生的异常电晕、绝缘子损伤与劣化、绝缘子表面污秽等。另外，极个别铁塔会存在细小缺陷，比如挂点连接金具缺销钉、绝缘子 R 销子脱出等。这些细小的缺陷一般仅为 2～3cm 大小，且周围金具众多，很容易被遮挡，巡视人员在地面由于角度和距离问题很难发现。若对该类缺陷疏于处置，则可能引发掉线、掉串等严重故障。

（2）工作效率高。直升机巡检速度一般为 20～40km/h，精细巡检作业时，如迎峰度夏和冬季防污闪作业时，直升机巡检速度为 6～8km/h。直升机巡检效率远高于人工巡检效率。

（3）安全性高。超、特高压输电线路的杆塔一般较高，人工登杆进行近距离观察或作业的危险性很高。直升机巡检时，在一定的安全距离外进行远距离非接触式观测则十分安全。

（4）不受地形的影响。超、特高压输电线路大多跨越高山峻岭、无人区等，人员难以到达，而直升机能穿越山区、丛林、湖泊与沼泽地带等进行巡检作业。

四、直升机巡检技术应用

1. 直升机巡视技术

通过多年的经验积累，直升机巡视能及时发现铁塔本体、导/地线、绝缘子、连接金具及销钉等细小金具缺陷，巡视项目包括常规巡视、通道巡视、验收巡视、应急巡视等。通过航巡数据管理与分析系统，可对海量的历史缺陷数据进行统计和对比分析，提出有关运行检修的建议。直升机电力巡视主要分为档中巡视和杆塔巡视。

（1）档中巡视。直升机匀速飞行，直升机旋翼与边导线的水平距离为 15～30m，由航巡员先对导/地线进行目视检测，发现可疑点时使用稳像仪进行检查；使用红外热成像仪对导线接续管进行红外检测，或使用紫外成像仪对导线和金具进行电晕检查。在检查过程中，如发现异常情况，可进行悬停检查核实，并记录详细信息。

（2）杆塔巡视。直升机处于悬停状态，直升机旋翼距杆塔水平距离为 15～30m，位置与地线横担水平或稍高于地线横担，悬停时间一般为 2～5min；由航巡员使用稳像仪对杆塔塔材、金具、绝缘子以及附属设施进行可见光检查；使用红外热成像仪对绝缘子、挂线金具、引流板、导线线夹等进行温度检测；使用紫外成像仪对绝缘子和金具进行电晕检查。

根据巡视线路电压等级和线路架设方式，分单侧巡视和双侧巡视两种作业方式：

（1）单侧巡视：对于 500kV 及以下电压等级的交直流单回路输电线路宜采取单侧巡视方式。直升机巡视作业的平均速度一般为 15km/h。

（2）双侧巡视：对于同塔多回输电线路和 500kV 以上电压等级的交直流输电线路宜采取双侧巡视方式。直升机巡视作业的平均速度一般为 10km/h。

执行巡视任务时，直升机的作业方式不是一成不变的，而是根据被巡线路的情况来确定的。当被巡线路正常时，直升机水平或稍高于导线，按一定的速度沿线路飞行；直升机不得在线路正上方飞行。同时用机载可见光摄像仪及红外热成像仪以 45°水平角左右在线路斜上方对线路导线、铁塔、绝缘子、金具、线路走廊内目标进行扫描、录像、拍照及巡察，如图 3-7 所示。

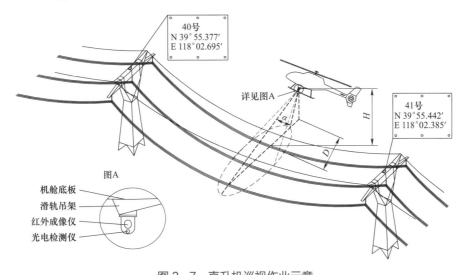

图 3-7 直升机巡视作业示意

H—直升机相对线路导线的垂直高度；D—直升机相对线路导线的水平距离；α—直升机扫描视场角

在巡视过程中，直升机应始终按导线的高低变化进行沿线飞行，使目标不脱离视场，不发生任何漏查现象。飞行员要始终看得到线路，若突然看不到线路，要将直升机飞到安全空域。在导线接头处不必每次都悬停，但要对耐张塔跳线处悬停检查；在变电站进、出线口处也要重点检查。同时，直升机禁止在变电站、电厂、电视塔等上方飞行，遇到高层建筑物要绕行。若遇到线路下降较大处，直升机要飞转回来从低处向高处飞行。

在巡视过程中发现线路有异常情况时，巡线操作员可叫飞行员回到故障点位置，并监督飞行员在线路外侧转弯（切勿倒飞）。若需转到线路另一侧，则必须从塔上飞过，不要从线上横穿。在故障点的斜上方悬停，遇有风时，直升机要顶风悬停，以便使飞行更稳定。若要对飞行进行调整，巡线操作员要提醒飞行员注意线路周围的障碍物，以免因气流影响而使直升机突然撞线。

2. 直升机带电检修技术

直升机带电作业技术是利用直升机直接或通过吊索把检修人员间接运送到作业地点，

完成线路检修任务的方法。根据国外直升机带电作业技术发展趋势主要分为平台法带电作业和悬吊法带电作业两大类。其中,悬吊法根据吊挂物的不同又分为吊索法和吊篮法两种工艺。

如图 3-8 所示,直升机平台法带电作业是指在直升机的两侧或机腹安装检修平台,直升机携带乘坐在检修平台上的带电作业人员直接接触带电线路并进行等电位作业。美国 Airmobile 公司研发的直升机带电作业技术是在直升机两侧或机腹搭建作业平台,作业人员坐在平台上,面对线路作业。

图 3-8　直升机平台法带电作业

如图 3-9 和图 3-10 所示,直升机悬吊法带电作业是指利用直升机机腹安装吊钩,利用悬挂的绝缘绳索或悬挂在绝缘绳索下的吊篮,将作业人员或作业设备(包括吊篮、吊椅、梯子等)送至输电线路作业点进行带电作业。该作业方法能解决直升机受安全距离限制无法进入等电位,或由于作业时间超出直升机允许悬停时间而无法用平台法开展检修作业的问题。以法国直升机电力作业公司 RTE 为例,其早期是直接将作业人员通过绝缘吊索悬在线路旁边作业,后来逐步开发出各种不同规格的、可供多人同时施工的吊篮。直升机将吊篮运送到导线上以后脱离,作业完成以后直升机再将吊篮吊起,然后运送到地面。

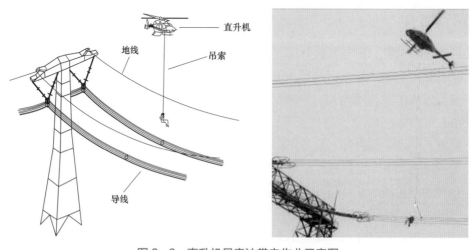

图 3-9　直升机吊索法带电作业示意图

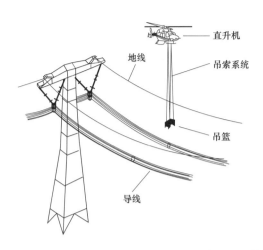

图 3-10 直升机吊篮法带电作业示意图

第二节 无人机巡检

一、无人机巡检作业简介

为了安全、可靠的供电，巡线维护自动化和现代化已日益显示出其迫切性。传统的人工巡检方法工作量大、条件艰苦，特别是对于山区和大江大河的输电线路巡检存在很大困难，甚至一些巡检项目靠常规方法是难以完成的，因此无人机巡检应运而生。

无人机巡检在巡检范围、内容和频次上可对人工和直升机巡检进行有效协同，提升巡检效率和巡检作业的质量，促进以无人机为主的协同自主巡检模式转变。通过自动导航或者是人工控制的方式对输电线路进行图像或视频信息的采集，工作人员根据图像和视频可以直观巡视检测输电线路设备缺陷及通道环境内建构筑物、树木生长状况、施工机械等异常情况。无人机巡检技术的特点和优势为：

（1）无人机可垂直起飞和降落，无需任何辅助装置，不需要专门的机场和跑道，对环境要求极低，可在野外随处起飞和降落。

（2）无人机飞行精度高，可长时间悬停、前飞、后飞、侧飞、盘旋等。多旋翼无人机能在平原、湖泊、高山等地形地貌下飞行巡检，可以利用空中优势，全方位、高精度检查输电线路运行情况，因此能够很好地弥补人工巡检的不足。

（3）无人机速度可控范围大，智能化程度高，可实现程控自主飞行及自动返航等先进功能；操作十分简便有效，有较强的容错能力；系统性能稳定可靠、机动灵活，运营成本低。

（4）无人机光电吊舱可搭载设备丰富，除了可见光还有红外热像仪和紫外成像仪，在夜晚也能发挥作用。红外热像仪能够通过温度异常变化对比值，发现隐蔽性较强的发热故障点；紫外成像仪能够利用电晕和表面局部放电的产生和增强间接评估运行设备的绝缘状况，并及时发现绝缘设备的缺陷。紫外成像仪和红外热像仪是一种互补性技术，结合传统可见光巡线，能够大大提高故障点检测的准确性，为故障抢修赢得宝贵的时间。

直升机、无人机和人工协同巡检模式能够充分发挥直升机、无人机和人工巡检各自的优势，实现巡检质量和效益的最优化。据统计，无人机不仅能够发现杆塔异物、绝缘子破损、防振锤滑移、线夹偏移等人工巡检发现的缺陷，还能够发现人工难以发现的缺陷，如金具锈蚀、开口销与螺栓螺帽缺失、金具安装错误、均压环错位或变形、雷击闪络故障等，发现缺陷量是人工巡检发现量的 2～3 倍。应用固定翼巡检通道发现缺陷的能力在巡检效率、地形复杂程度（如深山区、冰灾区）适用性方面比人工巡检优势较明显，日巡检量为人工巡检的 8～10 倍。

二、无人机巡检系统

（一）无人机巡检系统组成

输电线路无人机巡检系统通常包括无人机分系统、任务载荷分系统和综合保障分系统三个部分。无人机分系统是无人机智能巡检系统的重要组成部分，其飞行性能直接关系到无人机巡检系统的安全与可靠性。

1. 无人机分系统

无人机分系统包括无人机平台、通信系统和地面站系统，其中无人机平台包括无人机本体和飞行控制系统，通信系统包括数据传输（数传）和视频传输（图传）系统，地面站系统包括飞行控制和功能检测等软硬件。

无人机的动力系统主要有燃油发动机系统和电动动力系统两种。目前大部分无人机为燃油发动机系统，其中燃油发动机又分为活塞发动机、转子发动机和涡轮喷气式发动机。燃油发动机结构相对较为复杂，每种不同类型发动机的组成结构也不尽相同。

小型无人机普遍使用的是电动动力系统。电动动力系统主要由动力电机、动力电源、调速系统三部分组成。小型无人机使用的动力电机可分为有刷电动机和无刷电动机两类，其中有刷电动机由于效率较低，在无人机领域已逐渐不再使用。动力电源主要为电动机的运转提供电能，通常采用化学电池作为电动无人机的动力电源，主要包括镍氢电池、镍铬电池、锂聚合物、锂离子动力电池。

（1）飞行控制分系统。

无人机分系统通过飞行控制系统采集无人机平台各传感器所获得的状态，并进行控制算法的运算，使后台操控人员能安全、精确地操控飞机。飞行控制系统主要由飞行控制计算机、陀螺仪、加速计、磁航向传感器、导航定位模块及舵控回路等组成。

无人机飞行的控制通常包括方向、副翼、升降、油门、襟翼等控制舵面，通过舵机改变飞机的翼面，产生相应的扭矩，控制飞机转弯、爬升、俯冲、横滚等动作。

（2）导航分系统。

目前在无人机上可采用的导航技术主要包括卫星导航、惯性导航、多普勒导航、电视导航、地形辅助导航及地磁导航等，不同的导航技术都有其相应的适用范围和使用条件。目前主要的无人机导航方式以卫星导航和惯性导航为主。

卫星导航系统由导航卫星、地面台站和用户定位设备三部分组成。卫星导航系统能够为全球提供全天候、全天时的位置、速度和时间信息，精度不随时间变化。卫星导航的优点是全球性、全天候、连续精密导航与定位能力，实时性较出色，但是不能提供载体的姿态信息，环境适应性较差，易受到干扰。现阶段应用较为广泛的卫星导航系统有全球定位系统（GPS）和北斗卫星导航系统。

惯性导航系统属于一种推算导航方式，即从已知点的位置根据连续测得的运载体航向角和速度推算出其下一点的位置。惯性导航系统的加速度计用于测量载体在三个轴向运动加速度，经积分运算得出载体的瞬时速度和位置；陀螺仪用于测量系统的角速率，进而计算出载体姿态。惯性导航是一种完全自主的导航系统，不依赖外界任何信息，隐蔽性好，不受外界干扰，不受地形影响，能够全天候提供位置、速度、航向和姿态角数据，但不能给出时间信息。惯性导航在短期内有很高的定位精度，由于惯性器件误差的存在，其定位精度误差随时间而增大。另外，每次使用之前需要较长的初始对准时间。

（3）通信系统。

通信系统由发射机、接收机和天馈线组成，通常包含数据传输和图像传输。数据传输系统通过地面模块与机载模块之间发送、接收信号以实现远距离的遥控遥测。图像传输系统主要是实时传输可见光视频、红外视频，供无人直升机任务操控人员实时操控云台转动到合适的角度拍摄输电线路、杆塔和线路走廊高清晰度的图像，同时辅助内控人员、外控人员实时观察无人直升机飞行状况。

通信系统应实时性好，可靠性高，以便后台操控人员及时观察输电线路巡检的现场情况；应对高压线及高压设备产生的电磁干扰有很强的抗干扰能力；能在城区、城郊、建筑物内等非通视和有阻挡的环境使用时仍然具有卓越的绕障和穿透能力；在高速移动的环境中，仍然可以提供稳定的数据和视频传输。

2. 任务载荷分系统

任务载荷分系统包括任务设备和地面显控单元。任务设备可多样化，一般是光电吊舱或使用云台搭载检测终端。

光电吊舱通过减振器能有效地降低无人机发动机振动对检测设备的影响，通过陀螺增稳系统的反馈控制，对无人机产生的晃动进行补偿，使输出的视频在高振动环境下稳定，获得相对惯性空间稳定的平台空间，以保持视角的有效性，满足对被检测系统定位。在控制指令的驱动下，可实现吊舱对输电线路、杆塔和线路走廊的搜索和定位，同时进行监视、拍照并记录。有些吊舱还采用图像处理技术，实现对被检测设备的跟踪和凝视，以取得更好的检测效果。

云台的主要功能是通过稳定平台隔离载机的摇摆、振动，使输出的视频在高振动环境下保持稳定。其增稳控制主要由速度控制器、电机驱动器、电机和编码器旋转速度构成速度环，由目标位置、前馈控制器、位置控制器、编码器位置信息构成位置环来实现。

检测终端可以是可见光、红外、紫外等成像设备，也可以是激光雷达、合成孔径雷达等，功能是为地面飞行控制人员和任务操控人员提供实时数据，同时提供高清晰度的静态照片供后期分析输电线路、杆塔和线路走廊的故障和缺陷。其检测精度、效果以及检测系统的集成度是影响无人机巡检系统应用的关键因素。

3. 综合保障分系统

综合保障分系统一般包括供电设备、动力供给、专用工具、备品备件和车辆等。中型无人机巡检系统一般需配备专用车辆，小型无人机巡检系统可根据需要配备储运车辆。

（二）无人机巡检系统分类

无人机巡检系统分类方法多样，主要依据无人机机体特征、适用环境温度、海拔等进行分类。

1. 按照机体特征进行分类

按照机体不同平台构型分类，无人机可分为多旋翼无人机、无人直升机和固定翼无人机（含垂直起降固定翼无人机）。

（1）多旋翼无人机。

多旋翼无人机是由 3 个及以上动力驱动旋翼产生飞行升力的无人驾驶航空器（不包括带尾桨型式），通常有四旋翼、六旋翼和八旋翼等结构，如图 3-11 所示。与固定翼无人机和大中型无人直升机相比，多旋翼无人机集成技术难度较低，生产制造门槛低，国

图 3-11　多旋翼无人机

内生产厂家较多，具有成本低、飞行速度慢、可定点起飞、降落和定点悬停、便携性好、操作简单、维护保养简单等优势，缺点是载荷小、巡航时间短。

多旋翼无人机作为便携式巡检工具，配置于线路班组，用于各电压等级架空输电线路的精细巡检、故障巡查和小范围通道巡查。巡检飞行速度不宜大于 10m/s，续航时间一般是 30～50min，正常巡检作业时任务荷载一般是小于 4kg，抗风能力为 8～10m/s，主要是对杆塔、绝缘子、金具等线路设备本体进行近距离拍摄。

（2）无人直升机。

无人直升机是由在垂直轴上一个或多个水平旋转的旋翼提供升力和推进力飞行的无人驾驶航空器，通常为单旋翼带尾桨型式，如图 3-12 所示。与固定翼无人机相比，无人直升机能够定点起飞、降落。对于大中型无人直升机，飞行速度大多数在 100km/h 以内，续航时间约 1h，正常任务载重（满

图 3-12　无人直升机

油）一般大于 10kg，风力 4~6 级。目前成熟可靠的大中型无人直升机产品较少，使用较多的是美国 Copterworks 公司的 AF25b 型直升机。该机动力为双缸汽油发动机，起飞总重 32kg，载荷 11kg，续航时间约 1h。相对于电动多旋翼无人机来说，该机型的优点是任务载荷大、续航时间长；缺点是成本高、维护操作较复杂，且携带不方便。

在线路巡检应用中，大型无人直升机可作为直升机巡检范围和周期的补充，由于操作使用和维护保养复杂，对操作人员要求高，目前还处于探索应用阶段，待技术成熟及国家政策明确后，在直升机难以调度、巡检成本适当的情况下开展巡检应用；中型无人机直升机可在 220kV 及以上交直流线路上开展巡检作业，随着小型多旋翼无人机续航能力和有效载荷能力提升，将有可能被小型多旋翼无人机取代。

（3）固定翼无人机。

固定翼无人机是一种动力驱动的重于空气的无人驾驶航空器，其飞行升力主要由给定飞行条件下保持不变的翼面产生。固定翼无人机具有飞行速度快（可达 100~200km/h）、续航时间较长（一般在 1h 以上）、有效荷载大、作业范围广等优势，适合长距离巡检；缺点是无法进行定点悬停观测、摄像，起降条件要求较高，一般小型固定翼无人机要求弹射起飞、伞降或者滑降，对无人机起飞及降落的场地、风力、天气等外部条件要求较高，容易造成设备和机体的损伤。近几年应用较多的是垂直起降固定翼无人机（见图 3-13），既可通过坐式起飞方式实现垂直起降，又能通过飞行姿态转

图 3-13 垂直起降固定翼无人机

换进行固定翼飞行器的正常平稳飞行巡检作业，有效解决了无人机飞行性能和起降空间之间的矛盾。因其技术优势，在输电通道巡检中得到广泛应用。

2. 按照环境温度分类

按适用环境温度分类，无人机巡检系统分为普通型、高温型、低温型、极低温型和特殊型，各型无人机巡检系统适用的环境温度范围见表 3-1。

表 3-1 按照适用环境温度的无人机分类

类别	适用环境温度（℃）	
	最低温度	最高温度
普通型	−10	45
高温型	−10	65
低温型	−20	45
极低温型	−40	45
特殊型	不在以上所列范围内	

3. 按照适用海拔分类

按适用海拔分类，无人机巡检系统分为Ⅰ、Ⅱ、Ⅲ、Ⅳ型和Ⅴ型，见表3-2。

表3-2　　　　　　　　　　按照适用最高海拔的无人机分类

类型	最高海拔（m）	类型	最高海拔（m）
Ⅰ	1000	Ⅳ	4000
Ⅱ	2000	Ⅴ	6000
Ⅲ	3000		

（三）性能指标测试结果

为进一步掌握国内外无人机巡检系统的技术现状及巡检作业性能，国家电网公司自2013年起组织对各型无人机巡检系统开展现场测试，并在中国电力科学研究院建设了国内外首个无人机巡检系统性能试验平台。

1. 多旋翼无人机巡检系统

多旋翼无人机巡检系统主要对目视范围内、人不方便到达的杆塔进行飞行巡检，距离较短。由于生产制造门槛低，国内外有较多机型可供选择，但不同机型的性能特点和技术指标存在较大不同，导致实际应用效果差异较大。下面介绍30余款国内外机型性能指标的测试结果。

（1）续航能力。

根据无人机巡检地理环境条件，将续航能力分为一般环境（平原地区）和特殊环境（高海拔地区）进行测试。

已测试的各机型中，约46.42%的机型在一般环境下续航时间为20～30min；28.57%的机型为30～40min；17.85%的机型为40～50min。此外，有2个机型续航时间达到50min以上，分别约为51.65min和65.10min。

特殊环境下续航时间测试在人工环境气候罐中进行，试验气压约为61kPa（相当于海拔4000m左右）。约19.04%的机型续航时间小于20min，最短的仅约10.27min；42.85%的机型为20～25min；23.80%的机型为25～30min；14.29%的机型大于30min；续航时间最长的机型为35.43min。

考虑到多旋翼无人机巡检作业范围，要求其在正常作业条件下续航时间至少不低于20min。由测试结果来看，多数机型的续航时间可满足通过一个架次的飞行对1～2基杆塔进行精细巡检的需求，且留有一定的安全裕度。

（2）巡检控制精度。

巡检控制精度包括定点悬停精度和控制精度两个指标。定点悬停精度主要考察无人机导航定位模块性能；控制精度主要考察无人机巡检过程中位置控制精度，主要涉及操控性能。在定点悬停精度指标上，以水平方向精度为例，测试数据如表3-3所示。

表 3-3　　　　　　　　　　　　　　水平方向上定点悬停精度指标

机型占比	定点悬停精度（m）	机型占比	定点悬停精度（m）
15.38%	≤1	34.61%	2～3
30.77%	1～2	19.23%	3～3.8

已测试各机型中，15.38%的机型在 1m 以内；30.77%的机型为 1～2m；34.61%的机型为 2～3m；其余约 19.23%超过 3m，最大达 3.80m。在控制精度指标上，仍以水平方向为例，已测试各机型中，32.14%的机型在 1m 以内；35.71%的机型为 1～2m；25%的机型为 2～3m；7.14%的机型超过 3m，最大为 3.60m。

从巡检作业要求角度来看，定点悬停精度越高越有利于无人机准确按预设航点飞行并到达预设的巡检点，提高飞行的安全性和巡检的方便性；控制精度越高越便于作业人员进行操控，特别是在现场风向和风速多变的条件下更是如此。

从测试结果来看，多数机型定点悬停精度水平方向在 2m 以内，基本可满足巡检要求；但在垂直方向上，由于受现有导航定位原理限制，在定位精度上还有待进一步提高。此外，考虑到巡检作业时一般是远距离操控，且现场环境复杂多变，在没有其他辅助手段时，控制精度指标还应进一步提高，以便于作业人员控制无人机精确定位并成像。

（3）测控距离。

测控距离受地形及飞行高度等因素的影响，即使在平坦地形，飞行高度越低，测控距离越小。由于巡检时作业高度一般在真高 20～60m 之间，且运行线路还可能对通信系统带来干扰，因此本项测试在城市近郊地区的带电线路附近（距线路约 30m）进行，并考虑了飞行高度、无线电高速数据传输（简称数传）和图像传输（简称图传）天线角度等因素对测控距离的影响。

从测试结果来看，对于数传和图传共用链路的机型，数传距离一般大于图传距离。多数机型在飞行高度 60m 以上时，数传和图传距离均可达到 2km 左右，个别机型可达到 8km 以上；也有少部分机型在 1km 左右时，出现图像严重失真、闪断、丢失等现象。

随着飞行高度的降低，各机型数传和图传距离随之降低，特别是保持全向稳定图传距离降低较大。在飞行高度 40m 时，约 1/4 机型数传距离仅有约 1km，图传距离则更小。如某机型测试结果为：飞行高度大于 72m，视频清晰流畅；高度为 40～72m 时，视频画面出现雪花；高度小于 40m 时，图像丢失。

由于实际巡检作业现场地理环境条件可能较测试环境更为复杂，因此应严格执行测控距离技术指标要求。

（4）抗电磁干扰性能。

在实验室环境下对近 30 款无人机巡检系统开展抗电磁干扰性能测试，包括辐射抗扰度、静电抗扰度和脉冲磁场抗扰度。其中，辐射抗扰度检测无人机通信设备受射频电磁场辐射的影响；静电抗扰度检测线路周边的电磁干扰对飞控系统的影响；脉冲磁场抗扰度检測可能出現在線路上的較大暫態電流以及脈衝磁場對無人機的影響。

从测试结果来看，在辐射抗扰度试验中，约1/4机型在所用通信频段附近出现不同程度的被干扰现象，有的机型在数传或图传被干扰后，暂停扫描后能自行恢复，个别机型需要停止试验，通过系统复位才能恢复正常功能。在静电抗扰度试验中，少部分机型出现云台抖动、图像丢失等现象，需要人为干预恢复。在脉冲磁场抗扰度试验中，绝大多数机型试验结果较好。

综合各机型抗电磁干扰性能试验检测结果与现场巡检作业表现来看，在脉冲磁场抗扰度或辐射抗扰度试验中出现过被干扰现象的部分机型，在实际作业中临近运行线路后，往往出现操控性降低的现象，严重时甚至导致坠机。因此，应进一步针对输电线路周围环境特点，严格无人机巡检系统抗电磁干扰性能试验标准，例如在现有试验项目基础上增加工频磁场抗扰度等试验，以测试无人机受工频磁场干扰时的性能。

（5）安全策略。

所有测试机型均具备一键返航和链路中断返航等安全策略，但是具体功能则有所不同。以一键返航为例，多数机型在启动本项操作后，无人机只能按当前所在位置与预设返航点之间的连线进行直线返航；少部分机型则可在放飞前通过地面站对返航路径（包括返航高度等）进行设置。在链路中断方面，部分机型可在原地悬停等待一段时间，如果链路始终未恢复，则自动返航。

考虑到巡检作业现场的多样性和复杂性，如果在突发条件下无人机仅能直线返航，很有可能在返航途中遇上障碍物而发生事故。因此，在安全策略上，应预先设置返航策略，设置内容应包括但不限于飞行航线、飞行高度、飞行速度、降落方式及等待时间等，在出现返航触发条件以后，无人机巡检系统应立即中止任务，按预先设定的策略返航。

（6）成像质量。

所有测试机型均可搭载可见光和红外成像设备，基本均具备手动和定点自动拍照功能。除极个别机型搭载的任务荷载为可见光和红外一体化设备外，其余机型均分开搭载可见光和红外成像设备。在可见光成像方面，大多机型采用了微单相机，手动拍照成像清晰，可在距离不小于10m处分辨销钉级目标物；但也有少数机型采用摄像机，成像质量较差。在红外影像方面，大多机型均为伪彩显示，成像清晰，可实时显示最高温度，可保存热图数据，满足在距离不小于10m处分辨发热故障点的要求。

从任务设备的挂载方式看，多数机型采用了三轴云台，具备较好的增稳效果，便于作业人员对目标设备进行识别，并对拍摄角度进行调整。个别机型未采用云台挂载方式，图像晃动较为严重，导致成像操作较为困难。从立足于国内现有技术水平出发，任务设备宜为单一可见光和单一红外传感器，在巡检时根据任务需要通过配套云台分别搭载，且支持手动和定点自动拍照。

2. 中型无人直升机巡检系统

通过对国内外各型中型无人直升机巡检系统进行测试，一些中型无人直升机可携带任务吊舱按预设任务稳定飞行约 40min，并具有一定飞行安全策略。在输电线路附近开展现场实地巡检测试，飞行过程中机身始终保持平稳，未出现明显抖动和晃动等现象。若巡检飞行速度为 6m/s，单基塔悬停巡检时间为 1min，返航速度为 10m/s，平均档距为 400m，则 30min 能完成 10 基塔的巡检，中型无人直升机可满足飞行巡检需求。

中型无人直升机续航时间多数为 50min 左右，个别可达 90～120min；荷载一般为 10kg 左右，个别可达 30kg；测控距离一般为 5km；可通过预设航线自主飞行一次、精细巡检 10 基杆塔左右。针对输电线路巡检需求，可选的成熟、稳定机型较少，多为采用美国 CopterWorks 公司的 AF25B 型机体集成各种不同飞控系统的构架。

中型无人直升机由于尺寸较大、多为油动机，且不全在目视范围内巡检作业，巡检拍照距离一般在 50m 左右（水平 30m），因此，云台加任务设备的模式很难满足成像质量要求，必须使用吊舱。任务吊舱种类较多，但受飞行平台有效载荷限制以及目前现有任务设备质量的约束，将任务吊舱规定为单光源吊舱（可见光吊舱、红外吊舱），限制质量小于 7kg。现有吊舱能保证水平、俯仰两轴转动范围，可同时搭载摄像机和照相机，质量一般为 5～7kg。可见光任务设备成像范围大、清晰度高，能远距离检测销钉级缺陷。红外任务设备分辨率相对较高，具备热图数据。

利用中型无人直升机搭载吊舱在输电线路附近开展现场实地巡检测试，吊舱回传画面清晰稳定，吊舱稳像精度良好，图传电台工作正常。测试中，飞机悬停距离杆塔约 50m 处获取的部分影像照片可达到销钉级的要求，但拍摄图像质量清晰率以及照片的利用率不高。部分拍摄图像如图 3-14 和图 3-15 所示。

图 3-14 距离杆塔 50m 拍摄的耐张线夹

图 3-15 距离杆塔 50m 拍摄的导线悬垂线夹

根据测试结果，可供选择的中型无人机飞行平台较少，但是吊舱的制造厂家较多，机械、电气和通信接口均不一致，不利于统一采购、不利于使用维护。因此，为保证不同单位生产的任务吊舱与无人机飞行平台可通用安装和使用，可制定适配规约，对无人机与任务吊舱配置安装所涉及的机械、电气和通信接口进行规定。目前，从技术条件上看，部分无人直升机和任务吊舱的组合可基本满足线路巡检的需求，但在检测能力、安全控制策略、精细化避障、通信和抗干扰能力等方面还需优化。

3. 大型无人直升机巡检系统

大型无人直升机的优势在于任务载荷大，可同时搭载多种任务吊舱；续航时间长、航程长；飞行平台重，抗风能力好；能加装冗余链路，增加通视距离。适用于输电线路巡检用的大型无人直升机巡检系统极少，在起飞或小速度飞行时易出现不稳定状态，抗侧风能力有限，通信抗干扰能力、冗余度不足。在平原、浅丘、高海拔等地区开展了飞行测试，高海拔或山区恶劣环境对大型无人直升机的飞行性能影响较大，螺桨效率降低、油耗升高，最大起飞重量、悬停升限和任务载荷等性能指标均比常规环境下有所下降。个别单位探索空中中继模式，但中继机和任务机协同作业难度大。

目前，大型无人直升机巡检系统应用于输电线路大多处于科研探索阶段。国内民用大型无人直升机机型成熟度不高，通信链路保障困难，任务设备与飞行平台不完全匹配。与有人直升机相比，大型无人直升机巡检可控性差、成本较高、安全风险高。此外，大型无人直升机的巡检使用和维护保养都极其复杂，相关政策暂不明确，对作业人员培训的要求极高，且需专门机库存放和专业班组定期维护。

4. 固定翼无人机巡检系统

固定翼无人机飞行速度快，主要用于对大范围的输电线路通道情况进行巡视检查，以及发生灾害时迅速获取通道的倒塔断线情况。国内固定翼无人机技术发展较为成熟，大部分机型基本能满足通道巡检的需求。

固定翼无人机的动力供给包括动力电池和燃油。电动固定翼无人机的电池容量为5000～15000mAh，其续航时间受电池制约，23～35min不等，较少的仅11min，个别可达1h左右；起飞质量一般在7kg以下，一般采用手抛或弹射方式起飞、伞降或机腹擦地方式降落，巡航速度为60～80km/h。油动固定翼无人机的续航时间一般为1.5～3h，部分可达10h；起飞质量相对较大，一般为12～25kg，采用弹射或滑跑方式起飞、伞降或滑降方式降落，巡航速度为90～120km/h，个别可达160km/h。

固定翼无人机巡检系统大多采用全画幅单反相机作为任务设备，使用焦距24～35mm的广角镜头拍照。在150m高度飞行时，单张影像在航线垂直方向能覆盖地面100m以上的宽度；在200m高度飞行时，单张影像能覆盖地面的范围更大。因此，在实际巡检中，能覆盖输电线路通道走廊。若巡航速度、拍摄距离等参数设置合理，影像能在航线方向实现纵向全覆盖。根据测试拍摄的图像来看，基本能看清倒塔、线下施工等常见通道故障，部分由于曝光时间过长导致影像拖影。

（四）试验检测技术

从电网巡检应用需求出发，针对无人机巡检系统巡检的功能和性能开展科学、定量的试验检测，是当前一项十分必要且亟需的工作，可及时掌握国内输电线路无人机巡检系统质量情况，为巡检无人机选型提供参考，有效实施输电线路无人机巡检应用工作。

下面以目前技术较为成熟且广泛应用的小型旋翼无人机巡检系统为例进行说明。

1. 高海拔、低温环境适应性能试验

在高原地区或寒冷的冬天，无人机性能显著降低，易发生失控、续航时间缩短、反应灵敏度降低等现象。高海拔和低温是导致这些现象的本质原因，高海拔作业环境主要影响无人机巡检系统的动力电池性能和操控性能。

在高海拔地区，空气密度低，动力输出不变的情况下，无人机获得的升力小，易坠机；若要维持升力不变，需加大动力输出，则能耗增大，续航时间缩短。在环境温度低地区，电池化学性能下降，放电能力不足，续航时间明显缩短，电子元器件性能下降，任务设备卡涩，灵敏度降低。

开展低温、高海拔适应性试验，主要有两种方式：① 在低温、高海拔地区进行现场试验，前期测试经验表明，在真实低温、高海拔环境中开展试验是最直接、最直观的方法，但是复杂的低气压、高寒、高海拔现场环境，同时考验人和设备，存在试验受外界环境影响较大、人力和物力耗费大、试验结果重复性和可比性不高等不足；② 在模拟高海拔作业环境中进行，可弥补真实作业环境的不足，试验易操作、灵活性强，且试验结果能反映真实作业环境下无人机的性能。

在模拟作业环境下开展高海拔、低温适应性能试验，需配置环境气候试验罐（箱）试验设备，如图 3-16 和图 3-17 所示。检测要求如下：① 检测环境可控，试验参数可调（气压和温度可调）。② 按真实使用条件布置，无人机处于动态飞行状态，而非静态放置。通过配置具有智能控制系统的三轴运动测量台，实现在模拟高海拔作业环境中无人机无效地悬停，即：将三轴运动测量台布置在人工环境气候试验箱（室）内，将搭载了任务设备的无人机安装于三轴运动测量台上并固定牢靠，操作人员在人工环境气候试验箱（室）外操控无人机在三轴运动测量台上无效地悬停（高度一般不低于 3m）。③ 综合考虑高海拔和低温测试环境对无人机续航时间和基本操控性能的影响。

(a)

(b)

图 3-16　环境气候实验室
（a）环境气候实验室箱；（b）无人机环境气候实验平台

图 3-17　低气压—低温综合试验箱

2. 抗风飞行性能试验

无人机巡检应用经验表明，小型旋翼无人机飞行受外界环境影响较大，特别是山区等恶劣气象环境下的突发阵风可能导致无人机发生事故，巡检作业存在安全风险。在绝大多数应用场景，无人机均能在自然环境条件中进行飞行作业。因此，在面临自然风侵扰时，无人机能抗住大风并稳定飞行和悬停，就显得尤为重要。

由于受到地形、建筑、障碍物或微气象影响，地表自然风的风向和风速的时空分布较为复杂：风速主要表现为存在脉动分量或风速增减；风向主要表现为局部气流扰动导致风向突变（人站在户外有时感觉得到，风一会儿从前面，一会儿从侧面，甚至从后面吹来）。

在无人机户外抗风的检测内容及要求方面，主要关注点为无人机在户外自然风环境中稳定飞行及悬停性能，即在户外自然风环境下无人机抗风悬停控制偏差及标准差。

在工业设计和生产领域，通常采用风洞和室内风场的形式，对产品的空气动力学特性或抗风性能进行测试。研究表明：

（1）大型风洞试验。如图 3-18 所示，在风洞中安置飞行器或其他物体模型，研究气体流动及其与模型的相互作用，以了解实际飞行器或其他物体的空气动力学特性。主要侧重于获取飞行器或其他物体的绕流流场参数，分析流动现象与机理，获取空气动力特性和升力、阻力等气动参数。但是，民用多旋翼无人机自身的空气动力特性或气动参数，并非实际应用过程中的关注点。实际应用中，主要关注无人机在一定风力等级条件下，稳定悬停和正常飞行的性能。

（2）室内风场试验。室内风场通常配合其他环境因素使用，如雨水、沙尘等。在室内风场中安置设备，进行环境适应性选型试验，如设备抗台风雨、抗沙尘暴能力等，如图 3-19 所示。室内风场试验主要侧重于辅助设备开展静态性能试验，测试设备在复杂严苛条件下的稳定性。室内环境通常采用单面出风口（一般最多两面），所模拟风况与户外自然风不完全一致，存在风向单一、空气扰流严重、风速均匀性差等问题，可导致无人机所处区域实际风速低于设定风速值，无法真实反映抗风性能。因此，室内风场环境与无人机实际飞行场景差异较大。

同时，采用流体仿真分析软件，模拟一个封闭的 $10m \times 10m \times 10m$ 房间，出风口位于某一面墙的正中间，在正对出风口墙面的前方设置两堵立面，以减小空气扰流影响。室内风场仿真结果如图 3-20 所示。室内风场仿真结果表明，若没有立面，空气扰流将更严重；进风口应与室外联通，否则将加重空气扰流；封闭的室内风场，测试不严谨，有明显的空气扰流，影响风速分布，无法完全真实模拟户外自然风。

图 3-18　大型风洞试验

图 3-19　室内风场试验

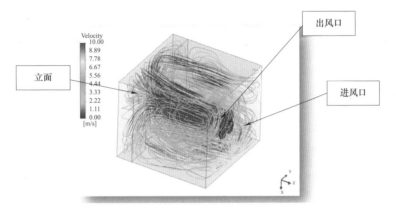

图 3-20　室内风场仿真结果

为此，针对风洞和室内风场的不足，在户外空旷环境中自主研发建设了敞开式抗风飞行性能试验场（见图 3-21），独立于无人机巡检，对无人机抗风性能进行量化测量和评价，符合中国合格评定国家认可委员会（China National Accreditation Service for Conformity Assessment，CNAS）关于"检测结果标准符合性"及"实验数据具有可追溯性"的规定。试验场地配置的试验设备设施主要有：

（1）户外风场模拟系统：采用三面风墙形式（即三个出风口，每个出风口面积不小于 3m×3m），模拟自然风风向多变以及障碍物对气流产生扰动的情形。有效试验区域大，风速均匀性高，可消除室内空气扰流等误差源。

（2）数字化测量系统：对悬停于户外风场中的无人机的实时位置和姿态进行采集和记录，计算悬停控制偏差及标准差、三轴姿态角（俯仰、横滚、航向角）偏移等指标。各方向位置测量精度不低于 10cm，各姿态角（俯仰、横滚、航向角）测量精度均不低于 2°，测量间隔时间不大于 0.5s。

3. 飞行控制精度试验

无人机飞行性能的重点是按照飞行人员预设的方式，精准而稳定的飞行及悬停，主要评价指标为导航定位精度、悬停控制精度、飞行控制精度。其中，悬停控制精度和飞行控制精度合称为飞行控制能力。导航定位精度是无人机飞行性能的静态影响因素，是无人机精准飞行及悬停的基础，很大程度上取决于导航定位模块的性能指标。导航定位精度越高，无人机实际飞行轨迹与预设航线贴合度越高。飞行控制能力是无人机飞行性能的动态影响因素，影响因子包括高空风速、飞行惯性、信号干扰等，是无人机能够摒除各类干扰因子，最终实现按照意愿精准而稳定飞行及悬停的保障，是无人机飞行性能的决定因素。飞行控制功能的鲁棒性越强，无人机飞行性能越稳定。

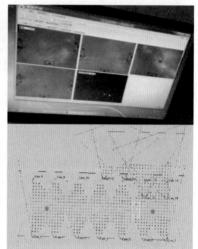

图 3-21　户外抗风试验场

无人机飞行性能的检测指标是飞行控制偏差，它是无人机实际飞行轨迹与预设航线的偏差（包括飞行控制偏差最大值及标准差等），可全面反映无人机精准稳定飞行的状况。该偏差既体现了静态的导航定位偏差，更体现了无人机在动态飞行过程中自我控制和纠偏能力。

传统的无人机飞行性能检测方法主要有以下三种：

（1）目视查看法。如图 3-22 所示，根据检测人员目视观察飞行状态和位置，定性判断无人机飞行稳定性。

图 3-22　目视查看法示意图

（2）激光笔观察法。如图 3-23 所示，在地面上设置激光测量点，采用激光笔观测无人机飞行控制情况。

（3）加装测量设备法。如图 3-24 所示，在无人机机身上加装 GPS 定位测量设备，实时测量无人机飞行轨迹，与预设航迹进行比对，计算飞行控制偏差。

图 3-23 激光笔观察法示意图

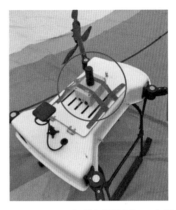

图 3-24 加装测量设备示意图

以上三种检测方法中：① 目视查看法和采用激光笔观察法只能定性描述无人机飞行控制偏差情况，无法精确记录测试数据并加以分析，并给出定量结论。CNAS 规定"实验数据应具有可追溯性"，所以采用目视方式所获取的数据不具备计量溯源性，不可作为检测结论的依据；② CNAS 规定"在试验样品上加装电子硬件或修改软件，均视为影响检测结果标准符合性的样品修改"，所以，在无人机上加装测量设备改变了无人机测试样品的原有载重，不可取。

户外大尺度分布式空中目标实时追踪及位置测量系统，可实现对无人机飞行控制偏差的测量，该系统采用完全独立于无人机的测试设备，对无人机飞行位置信息进行独立采集与记录。测试设备的采集频率尽量高，不同采集频率下的测量结果如图 3-25 所示。采集频率越高，无人机位置信息记录越齐全，计算的偏差最大值、平均值及标准差越准确、越趋于真实值，以真实还原无人机在每一个飞行点位的轨迹。

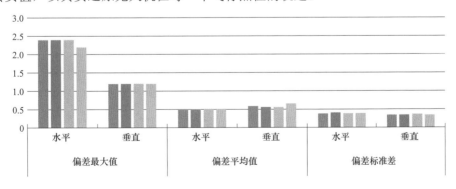

图 3-25 不同采集频率下的测量结果

无人机飞行性能检测方法的要求如下：① 应在户外露天场地进行；② 场地上应有 500kV 及以上电压等级输电线路或模拟输电线路；③ 布置有数字化测量系统（见图 3-26），对无人机飞行位置信息进行独立采集与记录，符合 CNAS 相关规定；④ 各方向位置测量精度不低于 15cm（重点区域的位置测量精度不低于 10cm），姿态测量精度不低于 3°（重点区域的姿态测量精度不低于 2°），测量间隔时间不大于 0.1s（真实还原无人机在每一个飞行点位的轨迹）。

图 3-26　无人机飞行航迹测量系统

三、无人机巡检模式

根据无人机巡检业务场景、巡检对象、控制方式的不同，无人机巡检可分为不同的巡检模式。

1. 巡检业务场景

根据巡检业务场景，无人机巡检可分为日常巡检、故障巡检和特殊巡检。

日常巡检主要是采用无人机搭载可见光成像仪、红外成像仪、激光扫描设备等对杆塔、导地线、金具、绝缘子、附属设施等线路设备及线路通道、周边环境、施工作业、沿线交叉跨越等情况进行常规性检查。

故障巡检是指线路发生故障后，根据故障信息，确定重点巡检区段和部位，查找故障点及其他异常情况，一般是采用多旋翼无人机进行精细巡检。故障巡检主要是查找或确认故障点，检查设备受损和其他异常情况。

特殊巡检是指在特殊情况下（如发生地震、泥石流、山火、严重覆冰等自然灾害后）或根据特殊需要，采用无人机进行灾情检查和其他专项巡检。灾情检查主要是对受灾区域内的输电线路设备状态和通道环境进行检查和评估。其他专项巡检主要是针对专项任务，搭载相应设备对架空输电线路进行巡检。

2. 巡检对象

根据巡检对象，无人机巡检可分为精细巡检、快速巡检和通道扫描。

精细巡检是指无人机搭载可见光成像仪、红外成像仪、紫外成像仪等装置对线路设备、设施进行全面详细、精细化的巡视和检测，可实现对微细颗粒度的线路设备缺陷的巡视检测。精细巡检一般采用具备悬停功能的多旋翼无人机巡检系统，自动开展精细巡检应选用具备 RTK 的多旋翼无人机巡检系统，作业前应提前设计自动飞行航线，包括起降点、作业点等，航线规划应满足对设备的最小安全距离要求。精细巡检主要对象为线路本体设备（含导地线）及附属设施。精细巡检适用于在首次开展无人机巡检的线路、存在缺陷或异常的线路以及需要开展精细化巡检的线路。

快速巡检是指无人机搭载可见光相机/摄像机、红外热像仪、紫外成像仪等装置对线路通道环境及部分线路设备进行的快速巡视检测，主要巡检对象包括倒塔、断线、导/地线异物、杆塔异物、通道下方树木、违章建筑、违章施工、通道环境等。

扫描巡检包括激光扫描巡检和可见光扫描巡检。扫描巡检是指无人机搭载三维激光扫描仪、可见光传感器等对线路设备及通道环境进行激光扫描或可见光扫描，获取点云数据，主要巡检对象包括通道下方树木、违章建筑、违章施工、通道环境等，适用于对线路通道安全测距以及线路走廊整体三维建模。多旋翼无人机或固定翼无人机巡检系统均可用于扫描巡检。

3. 巡检控制方式

根据无人机控制方式，无人机巡检可分为手动操作巡检和自主巡检。

（1）手动操作巡检。无人机手动巡检是由操作人员手动操作控制无人机开展的巡检，是传统的无人机巡检方式。但手动巡检依赖于飞行操作人员的巡检经验和操作技能水平，存在无人机巡检装备智能化水平低、作业自主性差、巡检拍摄影像质量得不到保障等问题，制约了无人机巡检作业自主化和智能化水平提升。

（2）自主巡检。自动巡检是采用实时动态定位（real-time kinematic，RTK）等高精度定位技术，无人机按照预先规划好的航线自动开展巡检，不需要人工手动操作，巡检自动化和智能化水平高。航线规划是无人机自动巡检的基础和前提，常用的航线规划方法主要有示教学习模式规划航线和基于点云三维模型的规划航线。

1）示教学习模式航线规划。示教学习模式航线规划是指采用手动操作具备 RTK 功能的无人机事先巡检一遍，采集各巡检点信息并生成航线，再复飞巡检，航线示意图如图 3-27 所示。该方式在巡检前期投入设备成本低，但对巡检人员的操作经验要求高，要求熟悉杆塔金具等部位的拍摄。对于经验丰富的飞手，可精确控制巡视距离，且根据现场环境调整拍摄角度、焦距、光圈等拍摄参数，能够保证杆塔精细化巡检百分百巡视到位，通过人工示教采集航线可被较好的"复用"。

该方法虽然前期设备投入少，但需要付出大量的人力成本。经过测试，常规熟练飞手巡检效率为 8～10 基/天；经验非常丰富的飞手可以达到 20 基/天，但是极少有飞手能达到；

而且飞手培养需要倾注大量的时间和设备成本。由于人力拍摄导致巡检安全系数低，前期飞行路径规划的自动化程度和效率低，同时对飞手专业素质的高要求性使得推广普及具有极大的限制性。

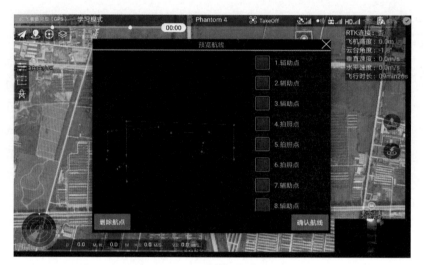

图3-27 人工手动示教采集航线

示教学习模式航线规划方法主要适用于主网线路中的部分特殊线路区段、特殊线路塔型（换位塔、部分耐张塔），或者线路短、杆塔少、档距小的城乡配电线路等。

2）基于点云三维模型的规划航线。通过激光雷达系统采集高精度的输电线路三维激光点云数据，建立输电线路三维点云模型，在三维点云模型中综合考虑多机型多旋翼飞行能力、作业特点、飞行安全、作业效率、起降条件、相机焦距、安全距离、巡查部件大小、云台角度、机头朝向等进行全自动航线规划，如图3-28所示。

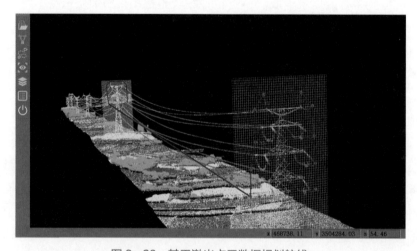

图3-28 基于激光点云数据规划航线

该巡检方法需要前期对线路设备和通道进行激光雷达扫描和可见光绝对精准度点云信息的采集，由于高电压等级输电线路通常都是大档距、杆塔多、长线路，固定翼搭配激光雷达可以快速对整条线路进行高精度建模，进行自主航线规划，作业效率和自主化程度高，对于设备的安全也有足够的保障。该方法前期投入成本高，设备要求高，依赖于绝对精度的激光点云数据，因此设备的好坏、精度的高低直接影响巡检数据质量。

基于点云三维模型的规划航线方法适用于山区、地理环境复杂、大档距、长线路的输电线路巡检。这种方式工作效率、自主化程度都更高，对于运维压力较重的单位较为适用。

四、无人机巡检关键技术

1. 精准定位全自主巡检拍摄技术

根据巡检塔型、现场环境风速、光照等条件，制定不同塔型的无人机定位巡检拍摄航线，固化拍摄距离、角度等拍摄参数，实现精准定位拍摄，使巡检影像具备"历史比对"特征，为巡检影像缺陷智能识别实用化奠定基础。技术方案如下：一种便于快速定位的摄像机巡检系统包括移动巡检设备车和高清摄像头，移动巡检设备车的表面四周均粘接有外观圆点图案，移动巡检设备车的内部均安装有车辆时钟和 GPS 自动定位模块。高清摄像头的输出端单向电连接有 MCU 控制模块，MCU 控制模块的输出端单向电连接有画面成像模块，画面成像模块的输出端单向电连接有图案采集模块，图案采集模块的输出端单向电连接有图案对比模块，图案对比模块的输出端单向电连接有处理器，处理器的输出端单向电连接有无线发射模块，无线发射模块的输出端无线连接有无线接收模块，无线接收模块的输出端无线连接有语音振动模块，语音振动模块的输出端电连接有移动终端。MCU 控制模块的输出端单向电连接有与车辆时钟相同配置的后台时钟。无线发射模块、无线接收模块、语音振动模块和移动终端均基于 GPRS 网络连接。移动终端设置为移动智能手机，语音振动模块位于智能手机的内部，MCU 控制模块的输出端单向电连接有存储模块。不同距离、不同角度拍摄组图如图 3-29 所示，典型塔型的航线规划如图 3-30 所示。

在精准定位拍摄基础上，统一规范自主巡检航线的内容和格式，组建标准化的自主巡检航线航线库，攻关"一键作业"、多机协同自主巡检、现场环境自适应拍摄等自主智能巡检关键技术，组建自主巡检航线库，促进无人机全自主巡检规模化应用。

图 3-29 不同距离、不同角度拍摄组图

A-1 全塔
B-2 塔头
C-3 塔身
D-4 塔号牌
E-5 塔基
F-6 左相导线挂点
F-7 左相整串绝缘子
F-8 左相横担挂点
G-9 左相地线
H-10 中相左横担挂点
H-11 中相左整串绝缘子
H-12 中相导线挂点
H-13 中相右整串绝缘子
H-14 中相右横担挂点
I-15 左相地线
J-16 右相横担挂点
J-17 右相整串绝缘子
J-18 右相导线挂点
K-19 小号侧通道
K-20 大号侧通道

(a)

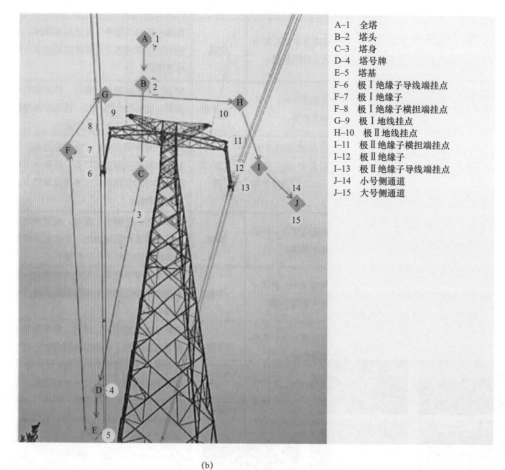

A-1 全塔
B-2 塔头
C-3 塔身
D-4 塔号牌
E-5 塔基
F-6 极Ⅰ绝缘子导线端挂点
F-7 极Ⅰ绝缘子
F-8 极Ⅰ绝缘子横担端挂点
G-9 极Ⅰ地线挂点
H-10 极Ⅱ地线挂点
I-11 极Ⅱ绝缘子横担端挂点
I-12 极Ⅱ绝缘子
I-13 极Ⅱ绝缘子导线端挂点
J-14 小号侧通道
J-15 大号侧通道

(b)

图3-30 典型塔型的航线规划
（a）交流单回线路直线酒杯塔巡检路径规划；（b）直流单回路直线塔巡检路径规划

2. 巡检影像人工智能识别技术

基于深度学习架构，攻关无人机巡检影像人工智能识别算法研发；组建类型全面、标准统一的巡检影像缺陷样本库，为人工智能算法训练奠定数据基础。制定人工智能算法分级量化评价规则，开展智能识别算法入网检测与效果评价，促进算法优化。巡检影像人工智能识别技术，采用基于深度学习的图像识别算法，融合多种深度卷积神经网络模型，主干网络基于 FPN 方法，覆盖各种尺寸物体，RPN 输出薄征层加速模型推理，头部使用单层的 RCNN 子网络，减少权重，避免过拟合，采用在线困难样本挖掘技术，强化对于困难样本的检测能力，根据数据集特点，实现数据增强和详细的参数分析与对比试验。建成灵活高效、公平公正、开放共享的巡检影像智能识别算法训练与效果验证云平台（见图 3-31），部署不同单位的不同类型算法识别模型；探索算法应用激励及市场化运营机制，构建人工智能算法业务应用生态。

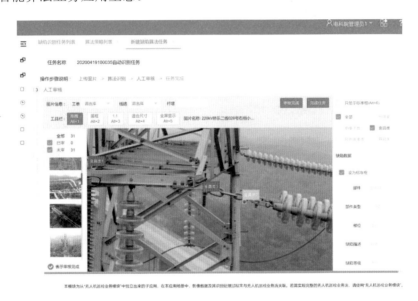

图 3-31 无人机巡检影像缺陷人工智能识别云平台

3. 智能检测与辅助检修作业技术

研发基于无人机平台的复合绝缘子憎水性检测（见图 3-32）、绝缘子零值低值检测（见图 3-33）、金具 X 光探测、多光谱检测、线路验电（见图 3-34）等检测技术并应用；研发无人机带电抛掷绝缘绳导引进入等电位、辅助传递工器具、带电处理线路飘挂物、线路验电等检修技术并应用，以及检测和检修作业现场协同监护、作业质量核查、现场作业保障等技术研究与应用。

4. 巡检作业信息化管控技术

整合无人机巡检关键技术，采用管理和技术手段，研发无人机巡检业务管控模块，全面具备无人机装备数字化管理、空域使用规范化管理、作业实时监控等无人机全业务线上信息化管控。无人机作业全过程监控如图 3-35 所示。

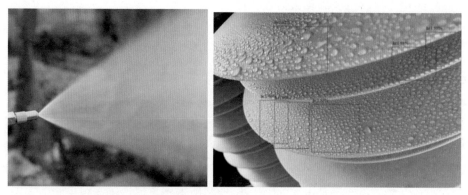

图 3-32 无人机搭载喷水装置及憎水性图像检测结果

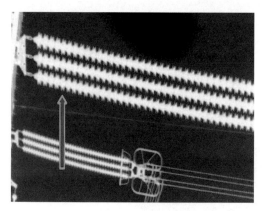

图 3-33 带电检测绝缘子零值

图 3-34 无人机验电现场

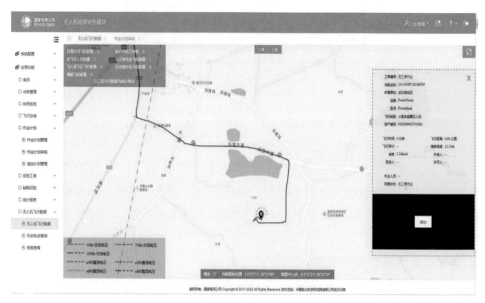

图 3-35 无人机作业全过程监控

五、无人机巡检发展趋势

1. 无人机全自主巡检技术推广应用

推广实用化无人机航线自主精准规划、现场环境自适应拍摄、多机编队协同巡检、现场交互操控、基于 5G 的作业数据实时传输和远程实时监控等智能自主巡检关键技术，提高无人机设备智能化、作业自主水平，逐步实现无人机自主巡检替代人工巡检，提升电网运维质效。

2. 巡检数据分析实时智能化

构建无人机巡检影像人工智能识别业务生态体系，攻关智能识别算法模型，完善无人机巡检影像人工智能识别技术训练与效果验证平台，常态化智能识别算法模型效益评测，促进算法快速优化，逐步实现智能识别技术实用化水平。攻关无人机前端实时智能识别和边云协同技术，实现电网设备缺陷在机载前端实时识别和就地自动研判，实现数据分析智能、实时、精准可靠。

融合可见光影像、红外影像、激光点云和倾斜摄影等多源数据，实现电力设备与巡检装备的智能互联、业务数据高效互通，解放人员生产力，提高设备巡检质量和效率，实现诊断决策智慧化，促进电网智能化、数字化转型需求。

第三节 人 工 移 动 巡 检

一、人工移动巡检技术简介

人工移动巡检技术是一种利用移动终端技术、移动通信技术、计算机技术等现代科技实现在移动中完成作业任务的技术。输电专业移动巡检系统是输电线路作业现场信息感知、巡检作业过程和工作质量管控的重要手段，由移动终端、通信网络和业务系统组成。

移动终端按照用户角色分为管理人员终端和巡检人员终端。管理人员终端通过 App 实现工作站侧的操作、展示功能，与机器人、无人机等巡检业务系统协同完成巡检任务，实现办公移动化、实时化。巡检人员终端接收巡检任务，按照标准作业流程开展巡检作业，感知设备状态、填写巡检过程信息。

通信网络是实现移动巡检的关键。输电专业移动巡检随着通信技术的发展经历了短信、GPRS、3G/4G 通信等阶段，同时在网络安全威胁日益严重的情况下，移动通信安全问题不容忽视，安全防护需在系统建设时进行专题设计。

业务系统是移动巡检业务的指挥中枢，可以对巡视、检修、检试、缺陷、隐患、"两票"、标准化作业等业务进行管理，综合利用大数据、人工智能等分析方法，实现任务编制、任务审批、任务派发、作业现场状态感知、过程跟踪、缺陷隐患流转、绩效评价等功能，协同机器人、无人机等巡检系统共同完成巡检任务。

二、人工移动巡检系统

人工移动巡检系统是由终端、通信网络、服务系统组成的业务系统，根据用户的不同，可以分为专业移动巡检、辅助移动巡检、可穿戴式移动巡检等系统。

1. 输电专业移动巡检系统

输电专业移动巡检系统是对输电巡检全业务过程进行管控的移动巡检系统，其移动终端与服务端均在电力公司内部网络完成业务流程和实时交互，主要供电力公司内部员工使用。该类移动应用使用专控移动终端作为载体，以专用网络作为通信通道，实现电力公司的信息安全防护体系与专业移动巡检系统的数据交互。输电专业移动巡检系统的构成如图 3−36 所示，其中：① 线路杆塔设备及标识是状态感知的对象，使用静态或电子标签；② 移动终端及 App，移动终端为电力公司内部专用设备，接入专用网络，App 根据业务需求定制化开发，对重要数据加密传输；③ VPN 专用网络，通常基于运营商 3G/4G 网络建设；④ 安全接入，无线专网需要通过安全防护设备接入电力内网；⑤ 服务系统，部署在电力公司内网，接收和处理移动终端等感知层设备的数据，提供业务管理和决策支持功能。

在移动巡检系统中，移动终端安装的移动作业 App 和服务系统需要定制开发，是业务流转的载体，其功能结构如图 3−37 所示。

图 3−36　输电专业移动巡检系统构成

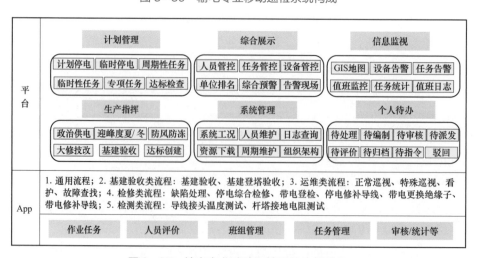

图 3−37　输电专业移动巡检系统功能结构

（1）服务系统。服务系统包括综合展示、信息监视、生产指挥、计划管理、系统管理及个人待办等模块。

1）综合展示。综合展示是信息展示的窗口页面，主要供巡检管理人员使用。其功能是以 GIS 图为基础综合展示各单位设备、任务、人员信息的分布、状态、数量统计等，如图 3-38 所示。

2）信息监视。信息监视页面的使用人员为监控人员。监控人员通过信息监视和值班日志进行设备、任务、自身业务流程的监视。其功能主要是以 GIS 图为基础综合展示各单位设备、任务、人员信息的分布和状态，并重点关注设备告警、任务告警信息，以及值班监控、任务统计、值班日志、群发信息告知等，如图 3-39 所示。

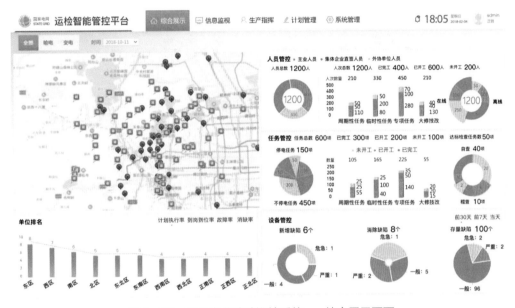

图 3-38 输电专业移动巡检系统——综合展示页面

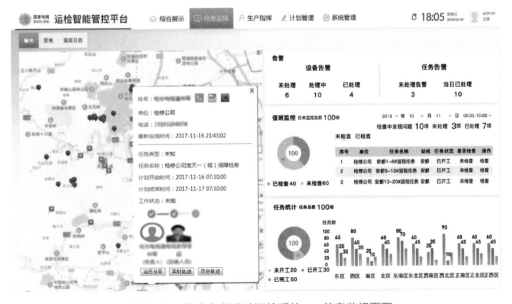

图 3-39 输电专业移动巡检系统——信息监视页面

3）生产指挥。生产指挥页面的使用人员为政治供电等巡检专责。用于统筹管理政治供电、迎峰度夏、防风防冻、防汛、大修技改、基建验收、达标创建等专项任务的生产管理，协调各业务单位协同开展工作，满足生产指挥人员掌控生产全局的需求。其功能是以GIS图为基础综合展示各单位设备、任务、人员信息，如图3-40所示。

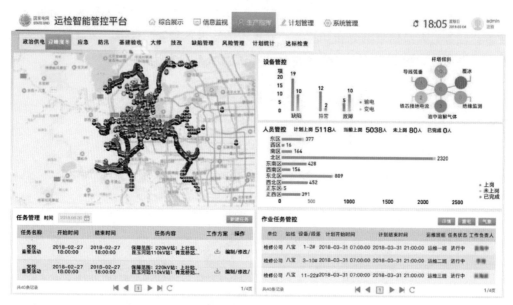

图3-40 输电专业移动巡检系统——生产指挥页面

4）计划管理。计划管理页面的用户主要为工区、班组等的计划管理人员，实现任务编辑、派发功能，任务类型涵盖计划停电、临时停电等停电计划和周期性任务、临时性任务、专项任务、大修技改等非停电计划，如图3-41所示。

图3-41 输电专业移动巡检系统——计划管理页面

5）系统管理。系统管理用户为系统管理员、数据维护人员，功能模块包括周期维护、告警阈值维护、系统工况查看、人员信息维护、日志查询、资源下载等。

6）个人待办。个人待办模块的用户为各系统使用人员，提示当前登录人员及时关注待处理告警、待编制、待审核、待派发、待指令、待归档、待评价、审核驳回等事件。

（2）移动作业 App。移动作业 App 的输电巡视流程如图 3-42 所示，该 App 分为作业人员 App 和管理人员 App。

作业人员 App 包括作业任务、专家系统、人员评价、班组管理等模块。作业人员通过 App 以接单、抢单等方式接收系统派发的任务，依据电子化的作业指导书要求顺序开展现场作业、回应管控点、填写现场电子表单等操作，并由 App 自动将拍摄现场照片、视频、录音等过程电子文件回传至服务系统。图 3-43 为 App 一杆六照拍照界面。

管理人员 App 功能与作业人员 App 类似，但增加了审核、派发等 PC 端操作的功能，以满足 App 审核、派单、监控等移动办公的需要，其主界面如图 3-44 所示。

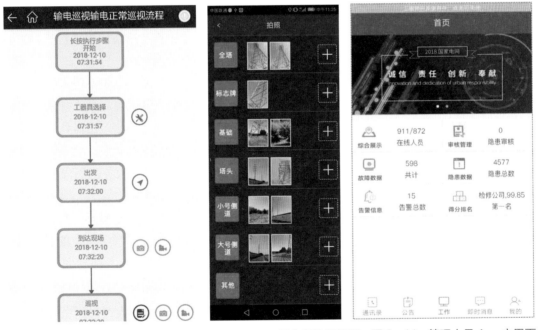

图 3-42 App 输电巡视流程　图 3-43 App 一杆六照拍照界面　图 3-44 管理人员 App 主界面

2. 辅助移动巡检系统

辅助移动巡检系统是指其移动终端及 App 部署在互联网环境下，与处于互联网或内部网络的服务系统完成信息交互，终端主要为输电设备运维外协人员使用。

辅助移动巡检系统与专业移动巡检系统的构成相同，其差异主要为：① 终端为非专用终端，传输数据采用脱密处理；② 采用互联网进行数据传输，接入内网需要采用特殊的安全措施；③ 服务系统部署在互联网或内部网络，对终端的服务数据进行脱密处理。

3. 可穿戴式移动巡检系统

可穿戴式移动巡检系统由可穿戴式装备、通信网络、业务系统等组成。

可穿戴式装备传感器由巡检人员穿戴，常见的形式有智能安全帽、智能工作服、智能眼镜等。智能安全帽由帽本体、GPS定位、摄像机、摄像头视野范围标识设备、照明灯、环境光传感器、麦克风、耳机、电源、存储及处理控制器等组成；智能工作服由电力作业基本安全防护、工器具、肢体近电传感、人体体征传感及处理器等组成；智能眼镜主要由眼镜、微处理器、网络传输等组成。

可穿戴式装备和业务系统通过无线网络连接，业务系统对检测数据进行管理、存储，并通过智能识别与其他系统联动监控、指导、支持巡检人员作业。

4. 移动巡检系统的区别

输电专业移动巡检和辅助移动巡检在以下几个方面存在不同。

（1）使用人员。专业移动巡检的终端和系统用户为电力公司专业管理和巡检人员。辅助移动巡检的移动终端用户主要为外协人员，系统用户主要为外协管理人员。

（2）业务范围。专业移动巡检可以覆盖输电线路及通道巡检的全部业务范围，包括停电作业和不停电作业。辅助移动巡检根据巡检管理需要对专业移动巡检流程外协化，主要涉及的业务有巡视、看护、检视。

（3）计划管理的针对性。专业移动巡检的计划管理用于对各类停电和不停电作业任务进行管理，具备任务编辑、审核、派发等流转功能；对于运维、检试等周期性任务，还应具备任务自动生成、自动提醒等功能。异常、缺陷、故障等临时性任务，还需具备时效性相关的自动添加完成日期、自动提醒等功能；政治供电等专项任务还需重点处理好各级单位之间数据的流转和互通。辅助移动巡检的计划管理主要涉及外协业务范围内的任务编辑、审核、派发等流转及告警功能。

（4）过程管控的不同。专业移动巡检根据业务类型的不同，对计划管理、作业过程、绩效评价等过程进行管控。计划管理管控点包括任务编制、审核、派发等节点的及时性，作业过程管控点主要包括接单及时性、到岗到位、执行数据规范性等，绩效评价的管控点主要为评价归档的及时性。辅助移动巡检的过程管理针对辅助移动巡检人员构成复杂、文化层次参差不齐的现状，对相关流程进行简化，重点做好到岗到位等节点管控，及时提出告警。

（5）绩效评价的不同。绩效评价是巡检完成后，巡检管理人员根据巡检过程数据或系统结合相关模型对任务进行评价、归档。辅助移动巡检的绩效评价需要根据外协管理的特点及巡检过程数据，由系统根据相关模型自动完成评价归档的过程。

（6）安全管理的不同。移动巡检系统的安全管理包括数据安全、终端安全、通信安全、系统安全等。数据安全主要关注数据泄露和非法操作，终端安全管理是防止终端丢失和外部人员非法访问，通信安全是数据窃取，系统安全是防止非法攻击。专业移动巡检的整个业务流程在内部网络运转，终端安全是安全管理的最重要方面。辅助移动巡检的移动终端业务操作在互联网环境下运行，数据安全、终端安全、通信安全、系统安全均是安全管理的重点。

（7）其他。移动巡检根据用户、网络环境、业务范围等条件的不同，业务数据分析的侧重点也不同。辅助移动巡检侧重于到岗到位、工作质量、网络安全情况的分析，专业移动巡检更侧重业务开展的及时性、工作过程优化、决策支持等。

三、人工移动巡检管理

人工移动巡检管理包括巡检业务管控和作业过程管控两部分，前者侧重于业务流，后者是前者的一个子流程，重点是现场任务的作业步骤管理。

1. 巡检业务管控

移动巡检业务管控覆盖输电线路及通道巡检停电作业、不停电作业类型，如图 3−45 所示。停电作业包括计划停电和临时停电任务；不停电作业包括运维类、检测类等周期性任务，政治供电、达标创建、大修技改、基建验收、迎峰度夏、迎峰度冬、防风防冻、防汛等专项任务，异常、缺陷、故障、隐患处理等临时性任务。移动巡检作业流程包括任务生成、派发、执行、完成、评价及归档。

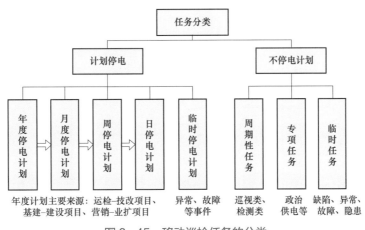

图 3-45 移动巡检任务的分类

根据业务流程，监控中心人员可以对任务派发、接单、按时开工、执行过程、延时交令等关键节点进行监控，系统根据业务规则自动生成预警、告警等信息，提醒值班人员关注相关信息。移动巡检业务管控涉及的用户包括电力公司管理及作业人员、外协单位管理及作业人员、群众护线员等。

（1）停电任务业务流程。停电任务包括计划停电和临时停电，流程如图 3−46 所示，主要流程如下：

1）任务生成：从调度系统获取停电计划，或者手动添加临时停电计划，计划管理人员根据作业类型、作业班组等信息对停电计划涉及的作业任务进行拆分，巡检管理人员对拆分后的任务进行审核，审核后具备派发条件。

2）任务派发：计划管理人员根据工作安排将作业任务派发给作业人员。

3）任务执行：作业人员接单，按照作业 App 流程开展作业过程，回传相关数据，接收业务指令。

4）任务完成：作业任务执行完成后根据指令要求进行离场、值守等下一步工作。

5）任务评价及归档。

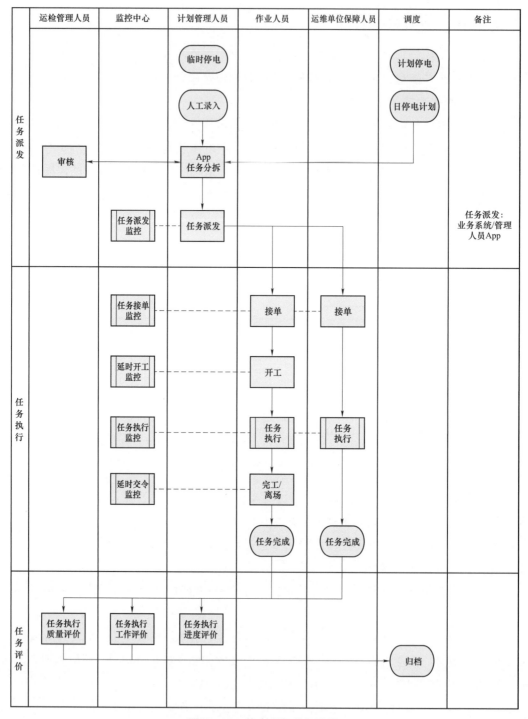

图 3-46 停电任务业务流程

（2）周期性任务业务流程。周期性任务包括运维类和检试类任务，流程如图3-47所示，主要流程如下：

1）任务生成：根据巡检管理人员设置的异常核实周期、处缺周期、巡视周期和检试周期，自动生成巡视或检试任务。对于已超期的异常、缺陷、检试、巡视等监控类型，自动生成相关任务。巡检管理人员对任务进行审核。

2）任务派发：计划管理人员根据工作安排将作业任务派发给作业人员。

3）任务执行：作业人员接单，并按照作业App流程开展作业任务，回传相关数据。

4）任务完成：作业任务执行完成后离开现场。

5）任务评价及归档。

（3）临时性任务业务流程。临时性任务包括异常、缺陷、故障、隐患等流程，不同类型的任务处理流程差异较大。隐患任务为非实时处理，处理流程可以参考周期性巡视或看护任务。

1）异常处理流程。异常处理流程如图3-48所示，主要流程如下：

① 任务生成：监控中心值班人员收集异常信息，编写值班日志，线下向巡检管理人员询问处理意见，生成临时性异常处理任务。

② 任务派发：监控中心值班人员指派到工区计划管理人员，计划管理人员将该任务派发至可接收任务的所有人员。

③ 任务执行：班组作业人员根据分布情况自行接单，按照App流程执行处理任务，并根据现场情况判断是否需要列缺处理。

④ 任务完成：任务执行后提交结果，并根据监控中心指令决定是否现场值守，不需要值守后结束任务并离开现场。

⑤ 任务评价及归档。

2）缺陷处理流程。缺陷处理流程如图3-49所示，缺陷处理流程如下：

① 任务生成：工区计划管理人员对作业人员App或系统登记的缺陷进行审核定性，确定缺陷性质。对于危急严重缺陷，登记完成后直接流转至监控中心，监控中心值班人员编制消缺任务并线下告知巡检管理人员。对于一般缺陷，职能专工审核后生成消缺任务。

② 任务派发：监控中心人员（负责危急严重缺陷）或职能专工（负责一般缺陷）将任务派发至消缺单位计划管理人员，计划管理人员将任务派发至班组所有作业人员。

③ 任务执行：班组作业人员根据分布情况自行接单，并按照App流程执行处理任务，进行消缺登记。

④ 任务完成：消缺登记后，计划管理人员对消缺验收任务进行派单，运维人员接单并执行App消缺验收任务，验收通过后任务完成。

⑤ 任务评价及归档。

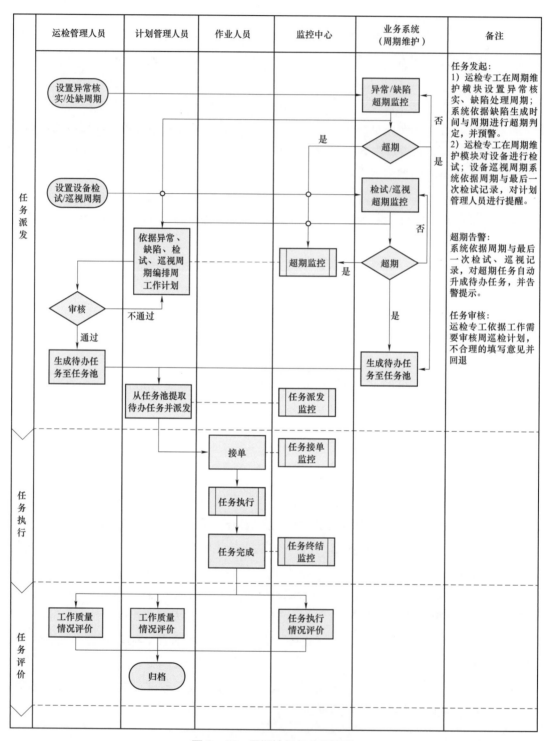

图 3-47　周期性任务业务流程

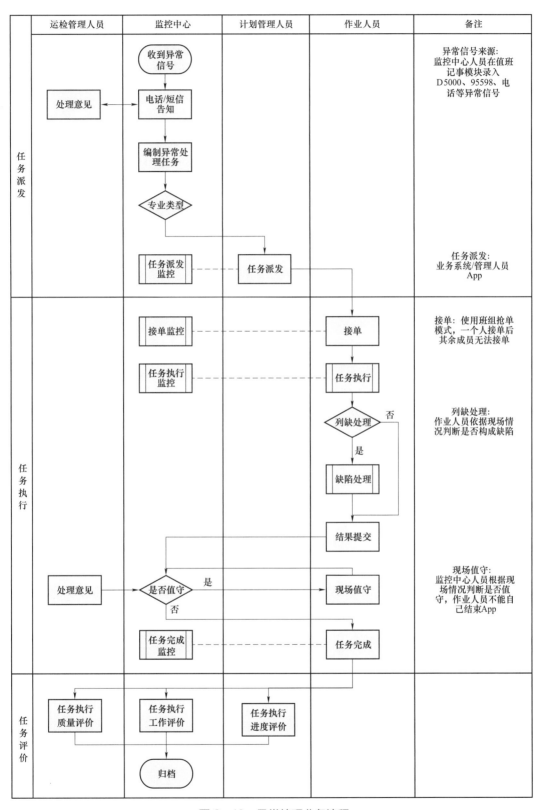

图 3-48　异常处理业务流程

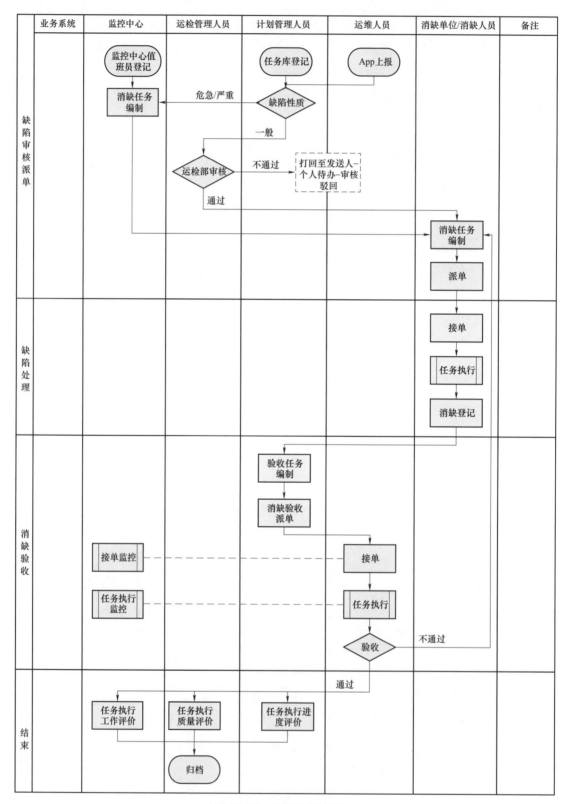

图 3-49　缺陷处理流程

3）故障处置流程。故障处置流程如图 3-50 所示，故障处置的主要流程如下：

① 任务生成：监控中心值班人员收到故障信号，线下获取巡检管理部门处理意见，根据处理意见编制故障查找任务。

② 任务派发：监控中心将任务派发至工区计划管理人员，计划管理人员将任务派发至相关班组的所有作业人员。

③ 任务执行：班组内作业人员根据分布情况自行接单，并按照 App 流程执行处理任务。不同班组间的相关数据可以共享，作业人员上报查找结果到监控中心。

④ 任务完成：监控中心接收到全部回复后发布查找结果，获取巡检管理人员处理意见，未找到故障点时判断是否重新派发，发现故障点后判断是否启动故障抢修流程，进行抢修任务派发，完成故障抢修工作。

⑤ 任务评价及归档。

（4）专项任务业务流程。专项任务包括政治供电、迎峰度夏/防风防冻/防汛/迎峰度冬、大修技改、基建验收、达标创建等，各类专项任务的业务流程相似。

如图 3-51 所示，政治供电（专项任务）主要流程如下：

1）任务生成：政治供电专责（迎峰度夏、大修技改等专项专责）或供电保障指挥部发布保障通知，明确保障（专项任务）范围、标准、涉及单位。各单位巡检管理人员编制保障（专项）任务，维护保障（专项）人员信息。

2）任务派发：各单位计划管理人员将任务派发。

3）任务执行：作业人员接单，执行 App 流程，系统自动判断执行过程是否满足保障要求。

4）任务完成：系统自动判断是否达到结束值守时间，或根据通知要求离开现场。

5）任务评价及归档：根据组织架构，由巡检管理人员或系统根据相关模型对任务进行评价、归档。

（5）业务流程定制。根据业务流程开展的需要，对新型业务流程进行灵活定制。

2. 作业过程管控

作业过程管控主要依托标准化作业指导书开展（不同电力公司的作业指导书稍有不同，但是差异不大），将标准作业流程固话到移动作业 App 中，获取流程关键节点的数据、图像等信息开展管控，确保工作过程标准、质量可靠。按照专业类型，作业流程包括通用类、基建验收类、运维类、检修类和检测类。

（1）通用类流程管控。通用类流程主要应用于现有 App 流程未覆盖到的具体工作流程，以满足现场管控的需要。如图 3-52 所示，通用类管控流程的主要内容如下：

1）工作准备：受理任务单，工器具携带、安全装备准备项目点选或拍照留存。

2）出发：对出发时间进行管控。

3）到达现场：通过在照片添加经纬度水印、坐标实时回传、坐标比对等方式确认到达现场。

4）工作过程管控：通过及回传事前、事中、事后等关键节点数据或照片实现管控。

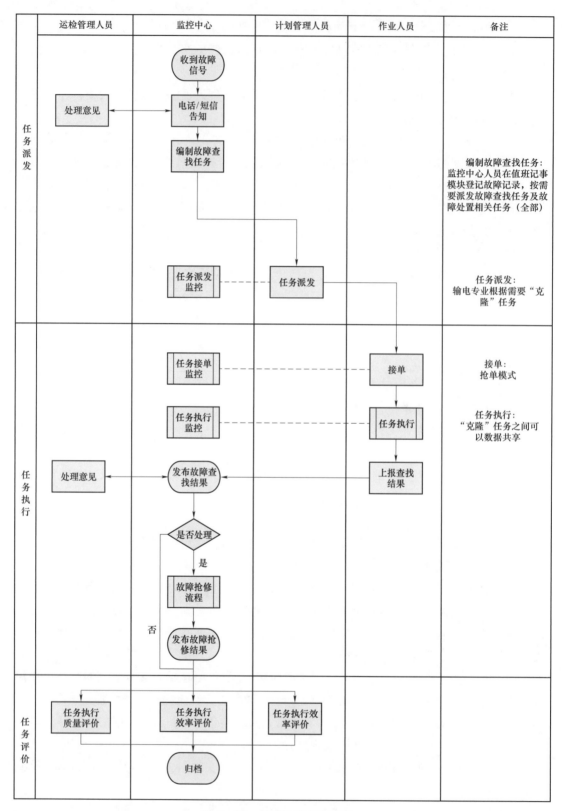

图 3-50　故障处置业务流程

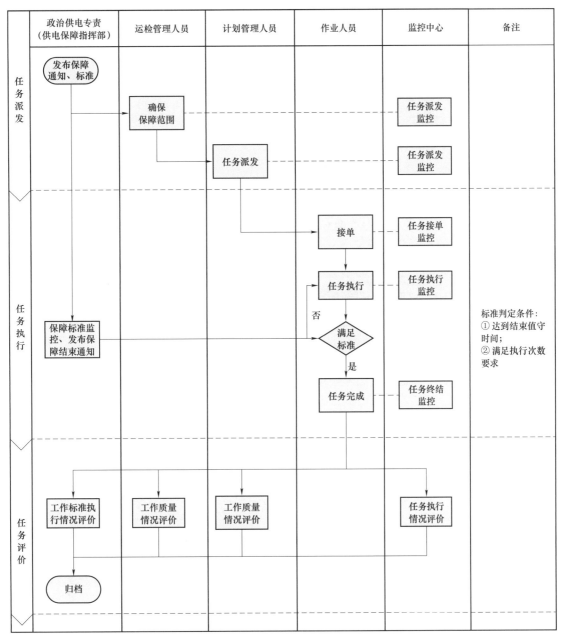

图 3-51 政治供电（专项任务）业务流程

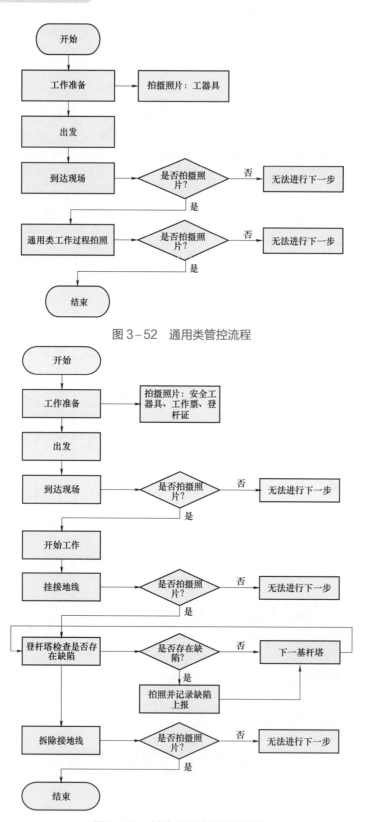

图 3-52　通用类管控流程

图 3-53　基建登塔验收作业流程

（2）基建验收类流程管控。基建验收类作业流程包括基建常规验收、基建登塔验收等。不同基建验收流程的管控点差异主要为是否登塔、工器具等。

如图 3-53 所示，基建登塔验收作业流程如下：

1）工作准备：受理任务单，工器具携带、安全装备准备项目点选或拍照留存。

2）出发：对出发时间进行管控。

3）到达现场：通过在照片添加经纬度水印、坐标实时回传、坐标比对等方式确认到达现场。

4）挂接地线：强制校验拍照图片再进行下一步。

5）登杆塔检查是否存在缺陷：实时上报异常缺陷并拍照至平台，多基杆塔可以循环验收。

6）拆除接地线：强制校验拍照图片后工作结束。

（3）运维类流程管控。运维类作业流程包括正常巡视、特殊巡视、看护、故障查找等。不同类型的运维作业流程类似。

如图 3-54 所示，巡视任务的主要流程如下：

1）工作准备：受理任务单，工器具携带、安全装备准备项目点选或拍照留存。

2）出发：对出发时间进行管控。

3）到达现场：通过在照片添加经纬度水印、坐标实时回传、坐标比对等方式确认到达现场。

4）开始巡视：巡视人员按照正常巡视、特殊巡视、看护、故障查找等业务流程开展线路和通道巡视，核实历史数据，录入巡视过程数据，拍摄"一杆六照"和管控照片，上报缺陷隐患。

（4）检修类流程管控。检修类作业流程包括缺陷处理、停电综合检修、带电登检、带电修补导线、带电更换绝缘子、带电修补导线等。不同检修类作业流程的差异主要在于工器具、带电作业安全措施的执行及所需材料等。下面介绍相对复杂的带电更换绝缘子流程。

如图 3-55 所示，带电更换绝缘子主要流程如下：

1）工作准备：受理任务单，工器具携带、安全装备准备项目点选或拍照留存。

2）出发：对出发时间进行管控。

3）到达现场：通过在照片添加经纬度水印、坐标实时回传、坐标比对等方式确认到达现场。

4）开工、确认安全相关措施：通过拍照工作票、监护票、杆塔号、安全措施，以及核实带电作业安全距离等方式实施。

5）更换绝缘子过程管控：对进入强电场、组装工具并转移导线荷重、分解绝缘子串、更换绝缘子、拆除工具脱离电场等关键节点进行拍照留存，拍照回填后的工作票、监护票。

（5）检测类流程管控。检测类作业流程包括导线接头温度测试、杆塔接地电阻测试等。不同检测类作业流程的主要差异在于携带工器具以及是否登塔等。下面介绍导线接头温度测试的作业流程。

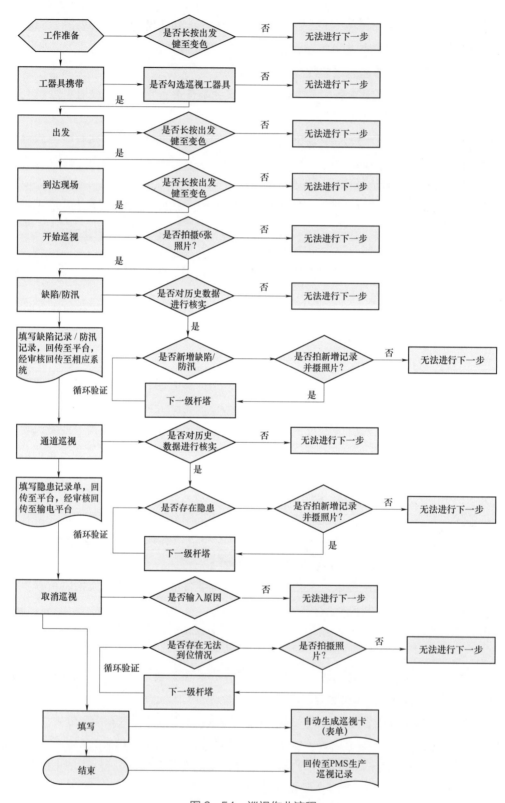

图 3-54 巡视作业流程

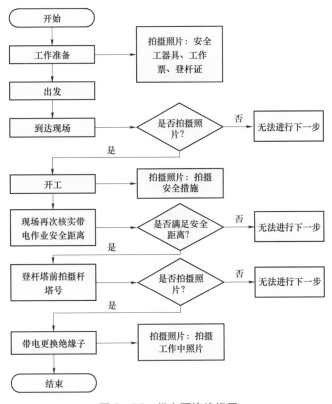

图 3-55 带电更换绝缘子

如图 3-56 所示，导线接头温度测试主要流程如下：

1）工作准备：受理任务单，工器具携带、安全装备准备项目点选或拍照留存。

2）出发：对出发时间进行管控。

3）到达现场：通过在照片添加经纬度水印、坐标实时回传、坐标比对等方式确认到达现场。

4）开工：通过拍照杆塔号方式进行管控。

5）导线接头温度测试：输入测量值，对关键测试工艺进行拍照留存。

3. 数据分析及辅助决策

随着输电移动巡检业务的推广，业务数据尤其是图片容量快速增长，对作业过程数据开展及时分析以辅助开展决策变得日益重要。移动巡检的数据分析主要包括：

（1）业务数据分析。应用对比、方差、统计等方法对各类业务数据进行常规统计分析，使用相关、聚类或其他大数据分析方法对同类、不同类任务的特征进行分类判别。

（2）移动巡检图片质量判别。在移动巡检终端，利用边缘计算、图像处理等技术对不清晰、重复拍摄、不符合业务操作规范（例如是否佩戴安全帽、一杆六照等）的图片进行识别处理，及时提醒作业人员。

（3）移动巡检人员行为分析。应用大数据分析方法，对巡检人员接单、开工、离线、关键工艺以及工作质量、工作效率等管控数据进行分析，辅助管理人员优化管控方式，提升工作质量和效率。

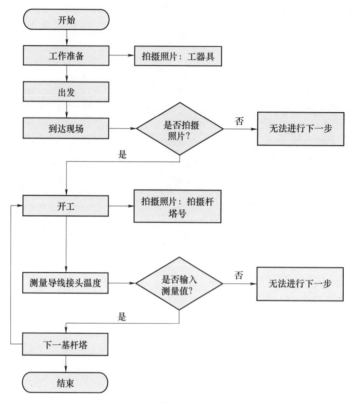

图 3-56 导线接头温度测试流程

四、人工移动巡检关键技术

智能移动巡检涉及的关键技术包括设备标识、状态感知、移动互联、数据分析及图像处理、信息系统安全防护、边缘计算、工作流引擎等。

1. 物联网及设备标识技术

对于人工移动巡检，唯一标识和区分巡检设备是移动巡检的首要内容，目前标识使用的主要技术有条形码、二维码等静态标签和 RFID、NFC 等物联网电子标签。静态标签由于可靠性高、成本低等特点，在设备及人员标识方面应用非常广泛，但容易伪造、污损等特点限制了其使用。电子标签有效避免了以上问题，在耐久性、安全性、存储容量等方面相对静态标签有更好的性能表现，并主要应用于以下几个方面：

（1）唯一并且安全地标注和识别输电设备、车辆、巡检工具、巡检人员身份等。移动巡检终端通过扫描标签和人像对比等技术确定巡检人员身份，根据不同的设备获取相关信息、回填或维护相关巡视、检修、试验等数据，记录巡检人员或车辆轨迹，确保到岗到位以及人员、设备安全。

（2）实时定位功能。电子标签可以解决短距离尤其是室内、隧道内设备的定位问题，弥补 GPS 等定位系统主要适用于室外空间的不足。将 GPS、移动通信、RFID 等通信方式结合在一起，可以实现车辆、人员位置的全程跟踪与监视。

（3）存储和动态维护设备的关键信息。移动终端在网络环境不好的情况下，可以通过扫描标签来快速获取标签存储的设备信息；巡检人员也可以通过专用终端及时、灵活地运维这些关键信息。

RFID 是一种无线通信技术，俗称电子标签，它可通过无线电信号识别特定目标并读写相关数据，而无需在识别系统与特定目标之间建立机械或光学接触。RFID 系统通过标签来识别物体，存储特定物体的相关数据，读写器向标签发送信号并读取标签的反馈。一套完整的 RFID 系统由读写器、电子标签、应用软件三部分组成。RFID 种类和应用场景很多，如 RFID 门禁卡、ETC 等。短距离的识别距离和 NFC 差别不大，长距离 RFID 的识别距离可达几十米甚至上百米。

NFC 技术由 RFID 技术演变而来，是目前手机常见的一种通信接口，可以让智能设备通过相互靠近的方式来交换数据，通信距离通常不超过 0.1m。NFC 通信方式与 RFID 相似，但是 NFC 不仅可以当作标签来识别，还可以作为一种双向通信方式用于数据交换。

2. 人员、设备状态感知技术

巡检人员、设备感知是指巡检人员通过肉眼或借助望远镜、手电筒等简易工具查看、敲击等方式获取信息的过程，感知数据通过离线记录或者巡检终端远程录入业务系统。巡检人员感知是目前最广泛使用的作业方式，亟待通过技术手段提升作业和管理水平。

移动巡检系统的人员、设备状态感知主要通过作业人员自身或借助相关工具探测、可穿戴式设备采集等方式实现。探测工具包括便携式设备、可穿戴设备等，涉及图像识别和重构、信息传输等技术。其中，智能眼镜将 AR/VR、人工智能、头戴设备等技术进行融合，协助开展现场作业或获取远程支持。

可穿戴设备是指可直接穿在身上，或整合到巡检人员衣服或配件的便携式设备，常见的形式有智能安全帽、智能工作服、智能眼镜等。可穿戴设备不只是一种硬件设备，通过软件支持和数据交互还可以实现更强大的业务功能[53]。可穿戴设备的状态感知主要包括：作业人员体征、近电状态、线路接地状态、GPS 定位等安全状态感知，人员身份、设备标识等唯一性信息感知，根据不同业务需求而佩戴的可见光、红外、紫外等摄像设备感知，新兴的智能眼镜感知等内容。

图像识别和重构是目标定位、缺陷识别、树障及交叉跨越检测等功能实现的重要手段，涉及图像变换、图像增强和复原、图像分割、图像分类等技术。

3. 物联网及移动互联技术

移动互联技术是物联网技术发展的关键内容。网络设备通信广泛使用的协议绝大多数都是基于 TCP/IP 协议的，设备与平台的通信方式主要有 3G/4G、WiFi 等，设备与设备之间的通信方式包括 WiFi、蓝牙、ZigBee 等，移动巡检数据需无线传输且所需带宽较大，在使用视频通信、特别是多方会商功能时因带宽问题而存在应用局限。随着 5G 技术的发展与逐步应用，可以预见 5G 技术将有效提升移动巡检的管理水平。

4. 数据分析及图像处理技术

数据分析是业务管理的必然要求。对比分析、方差计算、统计等是最常用的数据分析方法。相关、聚类和其他大数据分析方法可以充分挖掘各类业务数据中的异同点。大数据分析是近年来蓬勃发展的技术之一，常用的数据模型有降维、回归、聚类、分类、关联、时间序列、路径分析、神经网络、深度学习等，在数据分析及图像处理中应用广泛。

图像分析包括目标检测、目标分类、目标跟踪、智能分析等步骤，深度学习是近年来图像分析应用有重大突破的技术领域之一，已广泛应用于输电线路防外力破坏图像处理领域。深度学习使用具有阶层结构的人工神经网络，形式包括多层感知器、卷积神经网络、循环神经网络、深度置信网络等，与其他构筑深度学习使用数据混合，以达成训练目标。深度学习的常见方法为梯度下降算法及其变体，一些统计学习理论被用于学习过程的优化。

5. 信息系统安全防护技术

安全防护是信息系统建设和管理的重要内容，GB/T 22240—2008《信息系统安全等级保护定级指南》、GB/T 22239—2019《信息安全技术　网络安全等级保护基本要求》等标准对信息安全防护提出了基本要求，电力行业结合自身实际也制定了信息系统安全防护标准，如 Q/GDW 1594—2014《国家电网公司管理信息系统安全防护技术要求》、Q/CSG 218014—2014《中国南方电网有限责任公司信息安全防护管理办法》等。

信息系统安全防护首先要制定安全管理办法，开展安全保护等级定级，之后根据安全保护等级和业务实际制定边界安全、应用安全、数据安全、主机安全、网络安全、终端安全、物理安全等方面的安全防护方案。

6. 关键支撑技术

边缘计算是指在靠近物或数据源头的网络边缘侧进行计算，是物联网应用的重要内容，其融合网络、计算、存储、应用核心能力就近提供边缘智能服务，将计算结果上传至业务平台，以降低业务平台的计算复杂度。芯片计算能力的提升和智能手机的应用，推动了移动终端和边缘计算的发展。

工作流引擎是移动巡检系统等业务流类软件的重要组成部分，其根据角色、分工和条件决定信息传递路由，包括节点管理、流向管理、流程样例管理等功能，有效提升了系统的易维护性和稳定性。工作流引擎通常是一个组件模型，应用程序的不同功能单元通过接口和协议进行交互。

GIS（地理信息系统）是移动巡检系统广泛使用的基础平台，用于导航、杆塔位置标识及线路走向展示、人员及车辆位置判别和轨迹跟踪、业务数据展示等应用。GIS 常见的坐标系有大地坐标系、城市坐标系等，不同坐标系之间可以进行转换。

五、人工移动巡检发展趋势

随着大数据、物联网、移动互联、人工智能等技术的发展，输电移动巡检系统正在快速推广应用，朝着更加便捷化、高效化方向发展。

（1）可穿戴设备进一步集成、轻便。随着感知传感器的小型化、高度集成化，移动终端将与状态感知设备进一步融合。5G 网络建设、芯片计算能力的提升将使 VR、AR 技术进一步推广应用，实现作业现场信息的全方位感知、多方会商等业务功能。

（2）移动终端的计算功能将进一步加强。随着物联网技术、芯片处理能力、图像处理等技术的发展，边缘计算将广泛应用于业务系统。移动终端通过边缘计算后将数据结果传输至业务平台，将显著降低后端的计算负载。移动终端也将根据业务需要采集邻近设备的业务数据，进行综合数据分析，提升分析结果的准确性。

（3）输电移动巡检将与无人机等巡检方式深入协同和融合。不同类型的作业方式各有优势，随着移动巡检技术的成熟及推广应用，需要构建不同类别巡检方式的协同作业体系。

第四节　协　同　巡　检

一、协同巡检作业简介

直升机、无人机、人工协同巡检技术是综合考虑巡检成本、质量、经济和效率等因素，结合三种巡检方式的特点，在巡检周期、内容和作业方式上相互配合和协作的一种巡检技术。在空间上，可从空中和地面对架空输电线路本体设备、附属设施和通道环境等进行全方位的立体化巡检，提高了隐蔽性缺陷和安全隐患的发现率，提升了巡检效率和质量；在时间上，直升机、无人机和人工巡检的周期相互配合，可对巡检资源优化配置，降低巡检成本，提高巡检效益；在巡检数据融合应用上，可融合可见光、红外、激光点云等多源数据，结合运检信息，实现巡检大数据分析和应用。

二、协同巡检综合效益评估

协同巡检综合效益评估是综合考虑巡检质量、效率、安全和经济性四个方面，结合直升机无巡检、无人机巡检和人工巡检中的单一巡检方式以及三者任意组合的协同巡检方式的特点，分析协同巡检综合效益评估的影响因子和指标，建立协同巡检综合效益评估模型，为协同巡检计划制定和辅助决策提供依据。

1. 技术路线

将质量、安全、效率统一等值到巡检成本上，以巡检成本来衡量每种巡检模式的综合效益。对综合评价指标的等值化过程为：首先，对各效益评价指标进行等级划分；其次，将等级划分后的评价指标等值化为标准成本；最后，针对不同巡检方法的组合进行效益评估，计算最终综合成本。

协同巡检综合效益评估的技术路线如图 3-57 所示，主要技术步骤为：首先分析输电线路协同巡检效益评估的影响因子，通过影响因子提取、类别化处理等方法，确定影响因子；进行协同巡检效益评估指标的提取、设定和量化，确定量化的评估指标，建立协同巡检效益评估模型；最后，针对典型约束条件，进行协同巡检综合效益评估。在本研究中，约束条件主要巡检质量、安全性、效率性和经济性四个方面来确定。

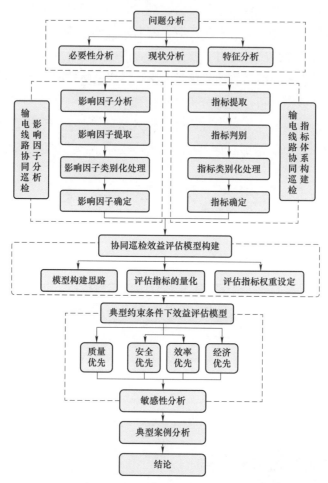

图 3-57　协同巡检综合效益评估的技术路线图

2. 影响因子及类别化处理

输电线路协同巡检效益影响因子如下：

（1）地形因子。在输电线路的架设中，地形状况通常是影响架设方式选择的决定性因素；地形地貌的不同，会改变协同巡检的交通方式的选择；地形状况的不同，也会影响巡检人员的工作效率和工作质量。由此可知，不同的地形会对输电线路协同巡检的效益产生决定性的影响。地形因子主要包括平原地区、山地丘陵、高山大岭三种地形。这三种地形的界定如下：

1）平原地区。水平距离 1km 以内，地形起伏在 50m 以下。平原地区主要包括农田密集区、湖泊中间区和泥沼地区三种微观地形。

2）山地丘陵。水平距离 250m 以内，地形起伏 150m 以下。山地丘陵主要包括农田密集区和林区两种微观地形。

3）高山大岭。水平距离 250m 以内，地形起伏 150m 以上，主要表现为人力、畜力攀登困难、运维异常艰难的地区。

（2）距离因子。巡检距离主要包含每百公里汽车运距和每百公里的人力运距两种因子。人力运距是指协同巡检在车辆行驶路段到位后，人工需要步行巡检的距离；汽车运距是指发生在巡检作业时，人工行走前车辆可以行驶的距离。汽车运距和人力运距会直接影响协同巡检成本的高低。

（3）塔高。输电线路的塔高一般分为三类：分别是 40m 及以下杆塔、40～70m、70m 以上杆塔。如果需要进行登杆巡视，不同塔高对协同巡检的效益是有一定影响的。

（4）塔型。杆塔有很多种类型，但最普遍的还是直线塔和耐张塔，直线塔和耐张塔也是对协同巡检效益影响较为明显的两类塔型。由于直线塔和耐张塔的巡检范围和巡检难易程度不同，因此，针对两种塔型的巡检作业效率也不相同。

（5）杆塔基数/百公里。每百公里的杆塔基数不同，将会直接影响协同巡检的时间、质量等指标。因此，对协同巡检的效益会产生较大影响。

（6）植被因子。植被的不同往往会直接影响协同巡检作业的效果。植被因子可分为草地、裸地、灌木丛和山林四类。植被分布的不同会直接影响协同巡检的速度、质量和安全等，从而影响协同巡检作业的效益。

（7）巡检分类。输电线路的协同巡检一般分为正常巡检、故障巡检和特殊巡检三类，每类巡检所需成本等各不相同，协同巡检的效益的也是不同的。

（8）作业方式。在直升机、无人机和人工三种巡检方式中，采用单独巡检方式或者三者的任意组合方式开展巡检作业，所需消耗的时间和成本均不相同，巡检的效果也有很大差别，所以巡检效益显然也不一样。

（9）天气因子。由于协同巡检作业是在户外进行的，天气状况显然会影响到协同巡检作业的效益。对协同巡检效益有影响的天气状况可分为晴/阴、雨雪、严重雾霾、恶劣等，也可从风力和温度两个方面进一步划分。天气状况、风力和温度均会对协同巡检的质量、安全、效率和成本等产生影响，从而进一步影响协同巡检的效益。

（10）技术经验。输电线路协同巡检作业时，巡检作业人员的技术经验是不同的，因此，在协同巡检作业时的巡检效率是不一样的。

（11）巡视方式。目前，人工巡检的主要巡视方式为分段巡视，即将输电线路分为不同区段，按区段巡线；无人机巡检方式是根据输电线路塔型、回路数、线路架设形式的不同，其巡检作业的机型、操作人员、作业方式等也不同；直升机巡检是根据线路所处地形、线路结构等不同，采用不同的巡视作业方式。由于不同的巡视方式会影响巡检的速度、成本及安全性等，所以，巡视方式也是影响输电线路协同巡检效益的重要因素。

（12）巡视对象。协同巡检的主要对象一般为本体和通道。本体主要是指输电线路的杆塔、线路和附属设施等；通道主要是指输电线路沿线的状况。巡视对象不同，巡检的效率、安全系数、成本不一样，因此，随着巡视对象的改变其巡检效益是不一样的。

（13）路况因子。影响协同巡检效益的路况主要是指协同巡检作业时，车辆行驶部分和人工行走部分的路的状况，如公路等级对汽车运距的影响等。路况不同，汽车运距显然不同，而人力运距也会受此制约。汽车运距和人力运距的改变将直接影响协同巡检的成本，进而影响协同巡检作业的效益。

（14）地质因子。本书主要考虑矿物、地质构造等地质因子，地质构造一般包括断裂和褶皱两种基本形式。地质状况不同，有时会对协同巡检的缺陷识别和通道巡检造成影响，进而影响协同巡检的效益。

（15）巡视的连续性。巡视的连续性主要包括连续巡检和间断巡检等。连续巡检和间断巡检的效率是不同的，协同巡检作业的效益也因此受到影响。

（16）故障频度。故障频度是输电线路发生故障的频率，直接反映巡检效益，是属于影响因子影响的结果，不属于影响协同巡检效益的影响因子。

（17）综合评价。该因子主要包括适用性、操控便捷性等。若同时比较协同巡检和人工巡检，综合评价也是影响巡检方式选择的重要因素。

（18）线路设备本体因子。主要考虑塔型、塔高、线路回路数、线路架设方式、导线分裂数等因素，其中根据杆塔呼高可将塔高分为高、中和低塔三类（高塔是指杆塔高度 70m以上的杆塔，中塔是指 40~70m 的杆塔，低塔是指 40m 及以下的杆塔）。线路设备本体是巡检的对象，不同结构特征的巡检对象需要花费的时间和成本是不同的。

（19）权重。由于各指标互不相同，因而构成效益的各指标所占权重的不同也会影响效益的大小。

（20）效果。输电线路巡检作业的效果一般是指缺陷的识别率等，将缺陷的识别率又可分为本体缺陷识别率、通道缺陷识别率、故障识别率。协同巡检的效果是影响协同巡检效益的直接影响因子，巡检效果的好坏是协同巡检方式选择的参考。

（21）质量。质量因子和效果因子有类似的内涵。通常效果包含质量和效率，质量与效果之间存在微小差异。

（22）安全。将影响协同巡检的安全性的指标分为道路运输安全性、人力运输安全性和登杆检查安全性。这些安全因子都会对协同巡检的效益构成直接影响。

（23）效率。巡检效率分为汽车运输效率、人力运输效率和人工检查效率三类。巡检效率是衡量巡检效益的重要参照。

（24）成本。巡检成本主要包括巡检作业发生的直接费用和间接费用两类，其中，直接费用包括车运费用和人巡费用，间接费用包括巡检设备购置费和维修费、设备维护和管理费、能耗、后勤、培训、软件成本、通信服务、信息处理（前期收集、后期处理）等。巡检成本的高低反映了巡检的经济性，是影响巡检效益的重要因素。

针对以上影响因子，结合输电线路运维经验，通过保留影响因子、删除影响因子、合并影响因子、转换影响因子、增加影响因子等方式，对影响因子进行了类别化处理，最终得到的影响因子，如表3-4所示。

表3-4 协同巡检影响因子类别化处理结果

一级影响因子	二级影响因子
地形状况	平原地区（农田、湖泊、泥沼）； 山地丘陵（农田、林区）； 高山大岭
天气状况	晴/阴、雨雪、严重雾霾、极端恶劣； 温度、风力
塔高	低塔、中塔、高塔
塔型	直线型、耐张型
分裂数	1、2、4、6、8分裂
回路数	1、2、4回路
巡检方式	正常巡检、故障巡检、特殊巡检

3. 评估指标设定

协同巡检效益指标包括巡检质量、安全性、效率性和经济性四个二级指标，具体如表3-5所示。

表3-5 输电线路协同巡检效益评估指标体系

一级指标	二级指标	三级指标	
效益（E）	质量（Q）	线路本体	杆塔平口以上缺陷、导地线缺陷识别率（Q_1）
			杆塔平口以下缺陷识别率（Q_2）
		附属设施	各类装置识别率（Q_3）
			各类标志、标识识别率（Q_4）
		通道环境	建筑物、林木识别率（Q_5）
			基础设施识别率（Q_6）
	安全性（S）	人身安全性（S_1）	
		设备安全性（S_2）	
		本体安全性（S_3）	
	效率性（F）	巡检效率（F_1）	
		机动效率（F_2）	
	经济性（C）	巡检费用（C_1）	
		设备成本（C_2）	
		培训费用（C_3）	

4. 评估模型的构建

按巡检机型划分，结合技术应用成熟度，目前无人机巡检主要分为小型多旋翼巡检和固定翼巡检，常用的单一巡检模式有人工巡检、小型多旋翼巡检、固定翼巡检和直升机巡检四种。由这四种单一巡检模式可组合成 15 种巡检模式组合。

线路总巡检效益可由各分段巡检效益之和表示，所以线路最大巡检效益（$E_{\max}^{总}$）为线路在各路段巡检时的最大效益（$E_{\max}^i$）之和，即

$$E_{\max}^{总} = \sum_{i=1}^{3} E_{\max}^i \qquad (3-1)$$

本书提出了定量化的输电线路协同巡检综合效益评估模型，由于输电线路巡检的影响因素复杂，且由于时间紧迫和应用环境复杂，算法模型还有待优化完善，如：对线路本体设备巡检和通道巡检的综合效益未分别进行评估和巡检计划推荐；算法评估系数和权重的取值依赖于大量专家打分和经验值；评估模型还有不断完善的空间，模型的稳定性也有待提高。同时，为了提高模型的稳定性，需通过大量应用实例，不断对模型的影响系数和评估指标权重进行优化。

三、协同巡检辅助决策系统

为实现直升机、无人机和人工巡检的有效协同，采用上述协同巡检综合效益评估模型，研发协同巡检辅助决策系统。该系统可根据线路设备特征、巡检任务性质、地理气象环境、巡检成本等因素，对线路分区段进行巡检成本估算和综合效益评估，确定协同巡检的内容和时间，优化全年巡检计划，并可实时动态修订。

四、协同巡检配合模式

根据线路的地理气象环境、线路结构参数、巡检成本、自身巡视经验等历史数据，采用上述协同巡检综合评估模型，进行协同巡检综合效益评估和巡检计划辅助决策分析，给出推荐的直升机、无人机和人工协同巡检推荐计划，最终得出协同巡检配合模式。

需要说明的是，不同巡检方式相互配合后，其巡检综合效益是由具体的线路特征和所处环境特点决定的。使用上述协同巡检综合效益评估模型，可得到一般环境下协同巡检主要配合模式。但具体到每条线路，均应根据当地的地形状况、气象环境条件、巡检任务和性质等因素，经综合效益评估后使用不同的巡检方式。

以某 500kV 线路为例进行说明，该线路总长 167km，共 285 基杆塔，线路架设形式为双回路，导线为六分裂导线，杆塔基本为高塔（杆塔高度 70m 及以上）。

该线路沿线常年主导气象情况为：12 月、1～2 月主要以雨雪天气为主，主要温度为 0～10℃，主导风力 4～6 级；3～5 月主要以雨雪天气为主，主要温度为 10～25℃，主导风力 4～6 级；6～8 月主要以阴晴天气为主，主要温度为 10～25℃，主导风力 0～3 级；9～11 月主要以阴晴天气为主，主要温度为 25～35℃，主导风力 0～3 级。

该线路跨越区域多，沿线地理环境存在差异。由于线路所处地理位置、气象环境、电磁环境不同，因此，根据该线路所在地理位置的主导地形、电磁屏蔽状态不同，将该区段

线路划分为 3 个区段。划分的区段及该区段内的地理、电磁环境特点如表 3-6 所示。

表 3-6 某线路各区段地理及电磁环境特点

线路区段	区段 1	区段 2	区段 3
主导地形	山地林区	山地农田	高山
海拔	1000~2000m	1000~2000m	1000~2000m
电磁屏蔽状态	非电磁屏蔽区	非电磁屏蔽区	电磁屏蔽区

采用上述协同巡检效果评估模型，将该线路的地形、线路特征、天气等参数输入，根据巡检性质设定评估指标权重，确定可供选择的巡检方式及各种巡检方式的组合系数，得到协同巡检计划，如表 3-7 所示。

表 3-7 某线路分区段巡检计划推荐

线路区段	推荐计划											
	1 月	2 月	3 月	4 月	5 月	6 月	7 月	8 月	9 月	10 月	11 月	12 月
区段 1	人工		人工			无人机			无人机+直升机			人工
区段 2	人工+无人机		人工			无人机			无人机+直升机			人工
区段 3	直升机		人工		直升机							人工

由表 3-7 可知，对于高电压等级线路高塔：① 在高山地形、电磁屏蔽区的区段 3，人员难以达到，输电线路运维比较艰难，当天气以阴/晴天气为主、风速较小时，推荐采用直升机单一巡检方式，也可采用直升机和无人机的协同巡检方式；当主导天气为雨雪、风力较大等恶劣天气条件下，在不适合直升机巡检情况下，若必须开展巡检作业，则采用人工巡检。② 在山地区的区段 1 和区段 2，当天气以阴/晴天气为主、风速较小时，推荐采用无人机巡检，也可采用无人机和直升机的协同巡检方式；当主导天气为雨雪、风力较大等恶劣天气为主，若必须开展巡检作业，则可采用人工巡检或人工和无人机相协同。

综合上述典型线路协同巡检计划决策分析结果，得到不同线路设备、不同地形条件、不同气象条件下协同巡检配合模式：

（1）不同线路设备协同巡检配合模式。对于低电压等级的中塔（杆塔高度 40~70m）和低塔（杆塔高度 40m 及以下）线路巡检，结合地理环境，推荐采用无人机巡检，也可采用无人机和直升机相协同的巡检方式；对于高电压等级的高塔（杆塔高度在 70m 及以上）线路巡检，结合地理环境，推荐采用无人机巡检为主、直升机巡检为辅的组合巡检方式。

（2）不同地形条件协同巡检配合模式。对于平原、山地丘陵地区架空输电线路，结合天气条件，推荐采用无人机巡检，也可采用无人机和直升机相协同巡检方式，特殊天气时人工巡检辅助；对于高山大岭、无人区、原始森林区等人员难以到达的地区，推荐采用直升机巡检，在异常恶劣天气条件下不适合直升机巡检时采用人工巡检。

（3）不同气象条件下协同巡检配合模式。当常年主导天气以阴/晴天气为主、风速较小时，结合地理环境，推荐考虑无人机巡检，也可采用无人机和直升机协同的巡检方式；当常年主导天气为雨雪、雾霾、风速较大等恶劣天气条件时，在不适合无人机、直升机巡检情况下，若必须开展巡检则采用人工巡检。

第四章

机器人巡检技术

巡检机器人技术的发展为架空电力线路巡检提供了新的移动平台。巡线机器人能够带电工作，以一定的速度沿输电线路爬行，并能跨越防振锤、耐张线夹、悬垂线夹、杆塔等障碍，利用携带的检测装置对杆塔、导线及避雷线、绝缘子、线路金具、线路通道等进行近距离检测，特别是对于直升机、无人机等非适航区，机器人巡检可代替人工进行电力线路的巡检工作，可以进一步提高巡线的工作效率和巡检精度。本章主要介绍机器人巡检技术、巡线机器人功能及关键技术、绝缘子带电巡检技术、机器人带电除冰等内容。

第一节　机器人巡线技术

一、巡检机器人组成

巡检机器人需要跨越输电线路上的压接管、单悬垂和双悬垂、防振锤、耐张线夹等障碍，并需要具有一定的爬坡角度。如果要达到这些要求，巡检机器人必须具备灵活的机械臂，必定要求结构的复杂性。因此要达到结构紧凑、重量轻盈的要求，就必须简化机构模型，共用运动机构完成更多的越障。高压架空输电线路巡检机器人的结构简图如图4-1所示，主要包括行走刹车机构、夹具开合机构、避障机构、配重辅助设计等部分，具体分为机械设计和系统设计。

1. 机器人本体机械设计

根据输电线路的结构特征以及巡检作业的任务要求，巡检机器人本体主要包括驱动装置、刹车制动装置、柔性臂、手掌开合装置、整体式电源箱和控制箱等。该机构综合了多节分体机构和轮臂复合机构的优点，行车运动机理兼容了轮式移动和步进式蠕动爬行的特点，刚度大，姿态稳定性好，跨越障碍能力强，巡检速度有保证。

2. 机器人控制系统设计

为保证机器人能在输电线路的多个档距间巡检，需要机器人在线路上可靠接收地面基

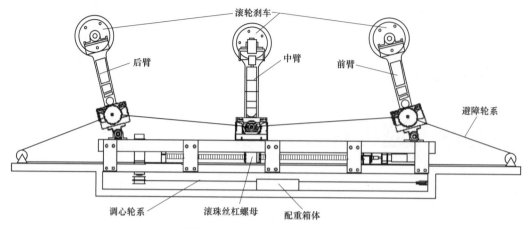

图 4-1 巡检机器人结构简图

站的遥控命令，同时在导线上具有自主运行和自主越障功能，能采集与巡检内容相关的图像，并能把巡检的视频实时地远距离传输到地面监控中心，以便于对线路情况进行分析。

为增强控制系统的安全性和可靠性，该控制系统设计了两种工作方式：自主控制方式和主从遥控方式。在自主控制方式下，机器人实时地对各种传感器信息进行处理与分析，从而获取周围环境信息，并自动生成动作规划，实现机器人在输电线上的自主爬行和越障。当机器人所处局部环境过于复杂，不能自动提供可靠的导航信息或机器人本体发生故障时，机器人发出报警信号，改为采用主从遥控方式，由操作人员辅助机器人完成爬行、越障、巡视任务，或使机器人停止运行。

根据巡检机器人的功能要求，机器人采取分层控制技术，整个控制系统分为上、中、下三层结构，可满足机器人多自由度运动控制和多种传感器信息处理等任务的控制要求。其三层结构分别为：位于地面基站的管理层（上层）、机器人控制和规划层（中间层）、运动命令的执行层（下层）。

（1）巡检机器人工作过程。

首先通过绝缘斗臂车或人工爬到线塔上吊装的方式将机器人本体安装到输电线路导线上；然后地面监控计算机发出开机控制命令，机器人本体计算机在接收到运行命令后，驱动机器人沿输电线行走。行走过程中，检测装置不断检测前方障碍物的情况，同时高速摄像机对线路进行拍摄，拍到的图像通过无线设备实时传输到地面工作基站，地面工作基站对线路的情况进行判断并记录故障情况，决定是否对线路实施维护；同时对机器人本身的工作状态进行监控，决定是否对机器人的运动给予干预。当机器人检测到前方有防振锤时，由于手掌采用中空设计，因此机器人无需做任何调整，直接爬越。

机器人由跳线到直线的跨越方法与上述过程相同，由于是一个上坡过程，为了使机器人不至于滑下来，需使用刹车装置。当中间手刹车后，打开前手抱线后，再打开刹车装置。

当检测到转弯跳线时，运动过程与跨越直线跳线不同的地方是柔性臂的姿态除了上下调整外，还需要水平调整，其余完全相同。

完成规定的巡检任务后，直接在线路上待命。若机器人本体上设计有高压线路自备电源，配合大容量可充电蓄电池，可彻底解决需频繁更换动力电池、续航能力差的问题。只要机器人本身没有大的故障或特别恶劣的天气，把机器人放置在线路上即可。

（2）控制系统软件设计。

控制系统的软件分为两部分，即地面基站控制系统软件和机器人本体控制系统软件，均采用模块化设计。地面基站控制系统软件主要包括遥操作模块、巡检图像处理模块等；机器人本体控制部分主要包括导航模块和自主越障模块等。

针对不同的障碍物类型，需采取不同的越障策略，而这些越障策略就构成了动作规划模块的各种行为。由于输电线的柔性，难以精确控制巡检机器人各关节的位置和姿态，带有一定的随机性和不可预测性。因此为降低控制难度，该模块采用粗略和精确两级控制方式。粗略控制采用离线规划的方式，即通过大量实验来获取巡检机器人跨越各种障碍物的大致动作序列，包括各关节的运动顺序、位移变化量和速度等参数的设置，类似于示教的方式。在程序实现中，将离线规划的各种越障动作集合在越障知识库中，因此离线规划也称为基于知识库的控制方法。精确控制采用基于传感器信息的伺服控制方法，即根据巡检机器人各关节上的传感器所反馈的信号，判断各关节是否运动到适当的位置。如果没有检测到正确的信号，此时需对各关节进行相应的调整，以保证机器人运动的准确性。

二、巡检机器人工作原理

巡检机器人悬挂在柔性的架空输电线路上，越障时应保证机器人姿态平稳，并保证与其他导线和杆塔金属部件的安全间距及足够的越障行程。针对高压输电线路的实际情况和障碍物类型，多档距巡检机器人要实现输电线路上多个档距之间的自主爬行和越障，并能完成所要求的巡检任务。机器人要具备合理的机械结构，没有一个良好的机构平台，巡检机器人可能无法完成既定的工作任务，即使勉强完成也会极大地增加控制系统的难度，影响巡检效率。巡检机器人的机械结构应具有如下特点：

（1）从机构运动学角度要求机构能实现滚动、蠕动、跨越和避让输电线路上的各种障碍物，并且末端执行器能够进行空间位置姿态的灵活调整。

（2）从机器人系统的角度要求机构要有一定的负载能力，便于安装各种监测仪、信息传输设备，并与导线形成等电势体。

（3）从运动控制的角度要求机构的自由度尽量少，能实现简单控制，并且具有符合要求的控制精度。

（4）机器人不仅要自主爬行和越障，还要进行图像采集并实时传输绝缘子破损情况检测、导线断股情况检测等，因此需合理分配各种任务，以确保控制系统各模块之间协调工作。

（5）由于机器人工作在距离地面 20～30m 的输电线路上，所以巡检机器人的硬件系统必须要做到体积小，质量轻，可靠性高；又由于巡检机器人通常巡检的线路较长，而且经常是在野外和深山等条件比较恶劣的地方工作，所以要求巡检机器人的硬件系统功耗低，一次巡检的时间足够长。

三、巡检机器人工程应用

2020 年 6 月，云南省首款智能巡检机器人在 15min 完成了两基铁塔之间线路的巡检工作，这也是云南首款线路巡检机器人在云南省高原气候环境下成功开展首次高压带电巡检试验，成功应用多种智能巡检设备对输电线路进行全方面、多维度巡检和实时动态分析。

2020 年 9 月，国网舟山供电公司对舟山 500kV 跨海输电线路洛威洛远线进行周期性巡检。塔架高 380m，塔架间行程共计 22km。通过自主巡检，可实现对输电线路设备和通道进行精细巡检，对绝缘子、金具等设备进行测温，对输电通道进行三维建模、树障及交跨检测，以人工智能、边缘计算等技术对线路设备和通道缺陷及隐患进行自动识别。人机协同自主巡检采用"机器识别+人工复核"的形式。对于铁塔上的鸟窝和绝缘子自爆等比较明显的问题，无人机自主巡检系统能够识别记录，识别成功率在 90%以上；而高塔金具锈蚀等细微缺陷，则需要由无人机将设备的图像数据信息回传至公司海洋输电智慧管控中心，由运检工作人员对照片进行细致检查，提高了巡检效率。

2020 年 11 月，国网徐州供电公司实现线路巡检机器人"全自动驾驶"。利用新一代飞行巡检机器人对 220kV 沙堡线等全市主要供电线路进行雪后特巡。在完全没有人工干预的情况下，飞行巡检机器人仅耗时 14min 就完成了 4691 线 27、28 号杆的巡检工作，而以前这项操作需要 50min 以上。

第二节 巡线机器人关键技术

巡线机器人是以移动机器人作为载体，以可见光摄像机、红外热成像仪、其他检测仪器作为载荷系统，以机器视觉—电磁场—GPS—GIS 的多场信息融合作为机器人自主移动与自主巡检的导航系统。它以嵌入式计算机作为控制系统的软硬件开发平台，具有障碍物检测识别与定位、自主作业规划、自主越障、对输电线路及其线路走廊自主巡检、巡检图像和数据的机器人本体自动存储与远程无线传输、地面远程无线监控与遥控、电能在线实时补给、后台巡检作业管理与分析诊断等功能。其共性关键技术如下。

一、机械机构设计技术

巡线机器人是机电一体化系统，涉及机构、控制、通信、定位系统、移动平台上传感器的集成和信息融合、电源等，而机械机构是整个系统的基础，也是目前制约巡线机器人发展的技术障碍之一。巡线机器人机械机构的设计要求是：

（1）能在架空高压线上以期望的速度平稳爬行；

（2）具有一定的爬坡能力；

（3）能够避开高压线路上的防振锤、线夹、绝缘子、线塔等障碍；

（4）在故障情况下有可靠的自保措施，防止机器人摔落；

（5）提供足够的空间安装所携带的电源以及探测、记录和分析处理仪器。

越障机构是巡线机器人机构的关键。巡线机器人越障操作类似人的空中攀援行为，因此，仿生设计是解决这一难题的有效方法。一种很有前景的方案是采用多只可伸缩机械臂结构，机械臂上部为爬行驱动机构，下部通过旋转关节相互链接。遇到障碍时，机械臂之间相互配合，采用仿人攀援策略调整姿态跨越障碍。由于采用多只多自由度机械臂，机器人可以完成更为复杂的空中姿态调整，因而可跨越各种类型的线路障碍。

二、工作电源管理技术

要保证巡线机器人在野外大范围内长时间工作，必须提供持续可靠的电源。巡线机器人功率一般为几百瓦，由于受体积和重量的限制，蓄电池组不能满足长时间的供电要求。由于巡线机器人一般沿大工作电流的电力线爬行，因此，最好直接从电力线上获取能源，即耦合供电。采用电力线耦合供电虽然解决了巡线机器人长期工作的电源问题，但同时也导致了机械机构及控制系统的复杂化。因为机器人越障时，电流互感器磁芯要从电力线上脱离，所以要解决磁芯分离机构控制和备用电源切换等问题。

三、导航及定位技术

导航是规划巡线机器人的行走路径，包括全局路径规划和局部越障规划等，巡线机器人沿架空电力线路爬行，要跨越防振锤、悬垂绝缘子、线夹、杆塔等障碍，行走环境介于结构化和非结构化环境之间，因此导航问题主要为局部越障规划。由于巡线机器人环境中障碍物反射面较小，基于电荷耦合器件（charge coupled device，CCD）摄像机视觉传感器更适合作为巡线机器人的环境传感器。另外，悬挂在导线上的机器人，由于风力作用和自身姿态调整时中心的偏移会产生摆动，加大了越障控制难度。

四、通信技术

通信模块完成基站和巡线机器人之间的双向数据传输，包括来自机器人的实时视频图像、线路探测传感器数据、机器人位姿状态和由地面基站发出的各种遥控命令等，要求具有带宽高、距离远、抗干扰能力强等特点。可利用移动网络进行传输，若在信号很差或者没有信号的地区可架设无线网络进行传输，或者利用线路载波通信。通信技术可以实现工作人员的远程遥控，在长距离或高压危险环境下进行巡检可及时发现设备的缺陷、异物悬挂等异常现象，进行报警或进行预先设置好的故障处理，真正起到线路检修减员增效的作用。

五、线路损伤探测技术

巡线机器人需完成的基本巡检任务有杆塔巡视检查、导线及避雷线巡视检查、绝缘子巡视检查、线路金具巡视检查、线路通道检查。巡线机器人需携带必需的探测仪器完成上述探测任务，故障和损伤探测方法有以下几类：

1. 非接触探测方法

（1）视觉检查。视觉检查是应用最为广泛的线路检查方法，采用高分辨率 CCD 摄像机摄取目标图像，实时传输到地面基站或存储下来，由基站操作人员根据图像中导线、绝缘子等设施的外观来确定是否损坏。

（2）红外探测技术。热成像技术是一种广泛用于检测输变电系统局部温升故障的技术，它可以摄取表面温度超过周围环境温度的异常温升点的红外光谱图像，然后根据图像人工或自动判读可能的故障器件。该方法已成功用于探测架空电力线上早期的发热故障点。使用时，被测点的温度要高于系统环境温度，天气应干燥晴朗。

（3）无线频谱分析。架空线路设备的一些故障会导致其周围电离空气层中出现不规则强烈电子活动，这些高频扰动表现为对交变电场闭合曲线的干扰。架空线上不同的故障类型和位置表现为上述干扰信号的形状、强度和位置，因此，对上述情况进行测量和评估能够提供输电线路异常和故障的线索。

2. 接触探测方法

（1）电涡流探测法。电涡流探测法能准确探测钢芯铝绞线断股、钢芯腐蚀程度、光纤复合架空地线（optical fiber composite overhead ground wire，OPGW）铠装层损伤等故障。其基本原理是将激励线圈贴近导线，通以 40kHz 交变电流激励线圈以产生交变磁场，使输电线表面产生电涡流，而电涡流又会产生反向磁场作用于测量线圈，从而改变测量线圈的电参数，导致测量线圈阻抗或电压发生变化。

（2）电阻测量探测法。测量一段带电导线或连接器两端的电阻，将测量值与正常值比较，就可断定该段导线或连接器件的状态，从而发现早期故障。这种方法比红外线测量更直接，准确度高，不受电磁辐射、天气、负荷电流的影响。

第三节　带电检测绝缘子巡检机器人

一、绝缘子带电检测机器人技术原理

绝缘子串检测机器人系统包含检测机器人运行系统、检测机器人信息处理系统。检测机器人运行系统实现绝缘子串检测机器人在绝缘子上物理运动；检测机器人信息处理系统实现检测机器人信息传输、信号处理、信息采集、冗余检测等功能。

绝缘子串检测机器人工作原理如下：

（1）吊装上塔。将整个机器人系统吊装到待作业的输电线路杆塔上，然后将固定安装座连接到待作业绝缘子串上方的塔材上。

（2）安装上串。将导向装置安装在输电线路待检测的绝缘子串上，使导向架紧靠在绝缘子的瓶沿上。

（3）行走到位。行走驱动装置中的驱动电机动作，驱动齿轮沿绝缘齿条带动机器人本体向导线方向行走，当位置传感器检测到信号后，驱动电机停止转动。

（4）逐片检测。控制探针驱动电机动作，带动探针向待检测的绝缘子片方向转动；待探针可靠搭接到待检测绝缘子片的钢帽后驱动电机停止转动，绝缘子检测装置开始进行检测工作；检测完成后控制探针驱动电机动作，带动探针返回初始位置。

（5）完成检测。重复第三步及第四步的行走及检测过程进行下一片绝缘子片检测，直到完成所有绝缘子片的检测。

（6）吊装下塔。完成检测作业后，行走驱动装置中的驱动电机动作，驱动齿轮沿绝缘齿条带动机器人本体向杆塔塔材方向行走，直到回到机器人初始安装位置；从杆塔塔材上拆除固定安装座，再将整个机器人系统吊装下塔，检测过程结束。

二、绝缘子带电检测机器人的结构组成

绝缘子带电检测机器人主要可分为以下几部分：

1. 攀爬装置部分

在特高压输电线路中，绝缘子不但承担着大的机械负荷，还必须满足驱动电机强度方面的要求，它的可靠性直接影响着输电线路的安全运行。此外，绝缘子串同时还必须满足电晕、无线电干扰等电磁环境方面的要求。在交流高压的作用下，由于绝缘子串的各个绝缘子对导线及杆塔杂散电容沿绝缘子串的电压分布极不均匀，导线侧绝缘子附近电场强度数值也相对较高，这使得绝缘子串的起晕、劣化往往从导线侧绝缘子开始。在交流500kV和750kV线路上，普遍采用绝缘子串增加均压环的措施，以有效改善绝缘子串的电场分布，从而满足工程需要。

对称双臂交替联动攀爬技术是采用双轴驱动式结构为基础，以双臂交替联动攀爬运动。双轴驱动式结构如图4-2所示，双轴驱动式结构中上臂与下臂成90°夹角安装方式，采取这种设计方式可以很大程度上减少大量旋转运动需要的外部空间。同时，为保持检测机器人在绝缘子片上安全运行，应使接触在绝缘子片上的滚轮部分探进绝缘子串中一定深度。由于同臂中双轮间距的减少，机器人的攀爬臂应该尽量靠近绝缘子片的边缘，以保证机器人顺利通过均压环。

绝缘子检测机器人依靠控制系统实现双臂交替联动攀爬模式。由电气控制系统控制电机轴a以角速度v匀速转动，通过改变电机轴b的旋转角速度，将原来同样以电机轴a角速度v匀速转动旋转区域划分为快慢两个角速度旋转的两个区域，进而实现机器人电机轴a与电机轴b的攀爬臂接触绝缘子时的夹角始终保持为$(90-\alpha)°$。电机轴b慢角速度区和快角速度区的运行角度分别为$(90-\alpha)°$和$(90+\alpha)°$。电气控制系统接收到启动电机轴b低速传感器信号有效信息时电气控制系统通过经典PID（proportion integration differentiation）控制算法，使电机轴b转动角度始终保持v_1匀速转动。采用双臂交替联动

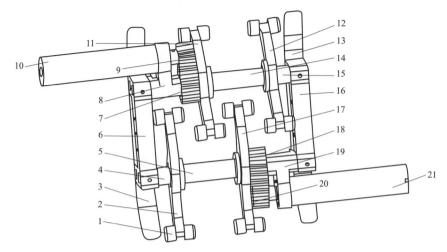

图 4-2　双轴驱动式结构

1—滚轮；2—攀爬臂 1；3—导向臂 1；4—固定轴 1；5—连接法兰 1；6—插架 1；7—大齿轮 1；8—电机安装座 1；
9—小齿轮 1；10—驱动电机 1；11—攀爬臂 2；12—攀爬臂 3；13—导向臂 2；14—连接法兰 2；15—固定轴 2；
16—插架 2；17—攀爬臂 4；18—大齿轮 2；19—电机安装座 2；20—小齿轮 2；21—驱动电机 2

攀爬技术解决了架空输电线路均压环对绝缘子串机器人高度的限制，实现了绝缘子整串检测的适应性和完整性。

绝缘子串检测机器人的攀爬机构采用双臂转动式结构和齿轮传动结构，如图 4-3 所示。齿轮传动结构简单紧凑、传动平稳，具有正向、反向同步运转能力，工作时无滑动，不需要任何润滑，维护更换方便。双臂轮式结构能够适应一定范围内的不同绝缘子片结构高度的误差，并且采用 ABS（acrylonitrile butadiene styrene）材料，表面采用橡胶材料，增大双臂轮式结构中运动滚轮与绝缘子片的摩擦力，防止在爬坡时打滑。同时，在攀爬机构双臂轮机构中安装位置检测传感器，用于检测双臂轮中传动轮的绝对位置，以便判断双臂轮中传动轮的相对位置，通过运动控制系统改变双臂轮中传动轮的相对角度，从而确保绝缘子串检测机器人安全正常工作。

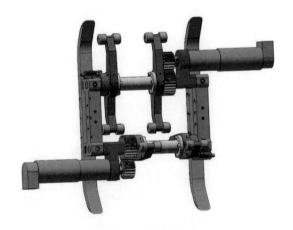

图 4-3　攀爬装置

2. 检测装置部分

绝缘子串检测机器人通过安装在本体中部的检测机构，完成对绝缘子电阻的检测。检测装置及检测仪触发机构示意图如图 4-4 所示，当绝缘子串检测机器人运行到待检测绝缘子片指定位置，通过触发检测命令使检测机构舵机运转，带动金属探测针检测装置运转。前端金属探测针接触绝缘子两端的金属部件，再由检测仪舵机触发检测仪，读取绝缘子片电阻数据，舵机收回检测装置，完成一次绝缘子片的信息检测作业。绝缘子串检测机器人所采用的检测方式为同向同步检测方式，即检测机器人运行到待检测绝缘子片指定位置，检测一侧绝缘子片信息后，继续按照设定好的运动方向进行检测，依次完成其余绝缘子片的信息检测。

图 4-4 检测装置及检测仪触发机构示意图

3. 控制部分

总体结构划分采用分模块的分体结构，可维护性能较好，调试维修方便。大体上可分为机器人本体部分和无线监控部分。本体部分以 Atmega128 作为中央控制单元（central processing unit，CPU），完成机器人位置信息的采集及判定，输出控制攀爬执行模块的脉宽调制（pulse width modulation，PWM）和方向指令来完成机器人智能攀爬，向绝缘子电阻检测模块输出控制命令来完成系列检测准备动作，并通过串口读取检测信息，将绝缘子检测信息通过无线模块传输给无线监控设备以备显示。

4. 保护部分

绝缘子串检测机器人应用于超高压、特高压带电或停电作业，线路自身的安全性保护设计是一项重点工作，保护功能设计包括：

（1）单串绝缘子安全保护。当同一串绝缘子中低值或零值绝缘子个数大于等于3个时，绝缘子检测机器人能够及时报警提示，提醒操作人员当前绝缘子串已处于危险状态，需要及时更换。

（2）欠压保护。当交直流输入电压低于欠压保护限值时，故障模块能够停止机器人作业返回初始位置并有声音报警输出，同时在远程监控设备也做出相应提示。

（3）防坠落保护。机器人遥控部分需要稳定可靠，位置检测模块可及时准确检测到绝缘子两端边界，防止机器人从绝缘子串上坠落。在机械结构上增加了防坠锁紧结构，加强了机器人的适应性。

（4）输出短路保护。当发生输出短路时，模块在瞬间把输出电压拉低到零，限制短路电流在额定输出电流的15%以下。此时模块输出功率很小，可达到保护模块和用电设备的目的。模块可长期工作在短路状态，不会损坏，排除故障后可自动恢复工作。

（5）过流保护。主要是保护大功率器件，在变流的每一个周期，如果通过电流超过器件的承受电流，模块将关闭功率器件，用来保护器件。

（6）过热保护。主要是保护大功率器件，这些器件的温度和电流过载能力均有安全极限值。

5. 数据采集及传输部分

架空线路绝缘子检测机器人数据采集系统如图 4-5 所示，采用激光传感器和超声传感器信号采集方式。为了提高数据采集的抗干扰性和可靠性，各开关量信号均采用了中位值平均滤波法，消除脉冲干扰及单片机引起的采样错误；在开关量中除了统一的中位值平均滤波法外，还增加了额外的消抖滤波法，确保开关量信号可靠无误。

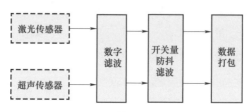

图 4-5 数据采集系统

三、绝缘子带电检测机器人工程应用

在 500kV 交流输电线路悬垂绝缘子串上，针对检测机器人进行实际运行电压下的带电检测模拟试验。现场应用照片及试验结果分别如图 4-6 和图 4-7 所示。

图 4-6 现场试验图片

针对 500kV 超高压交流输电线路悬垂绝缘子串的带电清扫作业任务，基于尺蠖运动原理，提出了一种新型绝缘子带电清扫机器人机构。机器人机构由移动机构和清扫机构组成，移动机构以蠕动式机理沿悬垂绝缘子串行走，清扫机构通过毛刷清扫绝缘子的表面。在实验室线路上开展了机器人的清扫实验，机器人分两次分别清扫绝缘子的上伞裙和下伞裙，如图 4-8 所示。清扫结果表明，机器人可以有效地清除绝缘子表面的污秽。

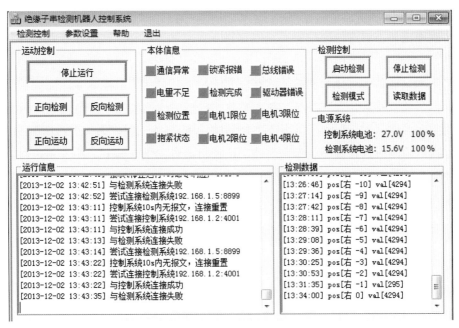

图 4-7 试验结果

图 4-8 机器人实验室清扫实验

第四节 机器人带电除冰技术

一、除冰机器人技术原理

输电线路除冰机器人技术是在巡线机器人技术基础上发展起来的,它既要实现巡线机器人的巡线功能, 还要具有稳定、高效的在线除冰性能。除冰机器人的工作原理包括:

(1) 对除冰机器人进行地面试检调试,确保机器人上线前工作运转正常;

(2) 通过人工爬到杆塔上或者借助辅助工具对机器人进行吊装,将除冰机器人平稳地安放到输电线缆上；

（3）接通电源，通过地面控制系统发出指令，对除冰机器人实施在线遥控指挥作业，清除冰雪。

根据除冰机理具体可分为机械除冰法与热力融冰法两类。机械除冰法能耗较小，但除冰效率低，而且一般需要人工参与；热力融冰比机械除冰速度快，安全性高，但实际应用中限制因素太多，不能广泛适用。对于较为严重的导线覆冰一般以人工上线除冰最为有效，但人工除冰危险性很高且效率较低。另外，长时间工作在强电场中，人体会受到电磁辐射侵害。除冰机器人中采用铣削除冰和敲打除冰相结合的机械除冰方式可以有效提高除冰效率。

二、除冰机器人的结构组成

除冰机器人一般由机器人载体和除冰机构两部分组成。采用臂式机构进行越障，轮式机构置于主体两侧，保证机器人本体重心在电线下方，有助于除冰过程的行走，而且可以避免机器人出现侧摆。

除冰机器人载体如图 4-9 所示，行走功能和越障功能是机器人的主要功能，构成了机器人的载体，主要包括轮式机构、旋转机构、移动机构和箱体旋转机构 4 个部分。

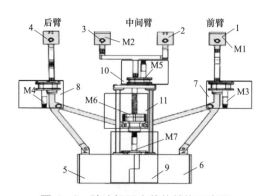

图 4-9　除冰机器人载体结构示意图

1—轮 1；2—轮 2；3—轮 3；4—轮 4；5—左箱体；6—右箱体；7—关节 1；8—关节 2；
9—关节 3；10—关节 4；11—关节 5

1. 轮式机构

图 4-9 中的轮 1、轮 2、轮 3、轮 4 均为轮式机构，其结构如图 4-10 所示。轮式机构主要包括轮子、轮轴、电机、电机支撑座和防护罩等部分。作为机器人的行走机构，通过电机驱动轮子转动完成高压线无障碍阶段的行进。电机 1 驱动轮 1 向前移动，并作为前后臂行走时的主动轮；电机 2 驱动轮 3 向前移动，并作为中间臂行走时的主动轮；轮 2 和轮 4 均为从动轮。轮式行走机构的行走原理为：依靠由电机驱动的行走轮与管线之间的摩擦力来驱动机器人行走前进。轮式行走机构行走平稳，速度快，有利于所携带的探测仪器可靠工作，目前已有的巡线机器人多采用轮式行走机构。

2. 旋转机构

图4-9中的关节1、关节2和关节4均为旋转机构，其结构如图4-11所示。关节1和关节2的作用相同，调整轮在线上的姿态；关节4的作用是使前后臂和中间臂产生相对偏转。

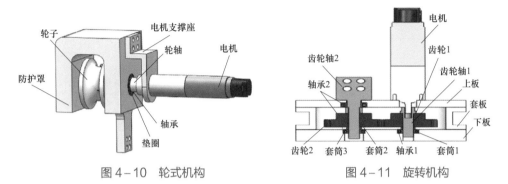

图4-10 轮式机构

图4-11 旋转机构

3. 移动机构

图4-9中的关节5为移动机构，其作用为升降机械臂，移动机构的剖视图如图4-12所示。移动机构主要包括丝杠、丝母、左丝母滑块、右丝母滑块和齿轮。齿轮与丝母固联，丝母转动，丝杠固定不动，丝母绕着丝杠旋转，左右丝母滑块随之上升下降。因丝母滑块分别与左右两臂相连，从而使机器人的前后臂做升降运动。

4. 箱体旋转机构

图4-9中的关节3为箱体旋转机构，其结构剖视图如图4-13所示。箱体旋转机构主要包括左箱体、右箱体、丝杠、齿轮1、齿轮1和电机等。电机和小齿轮1固定在右箱体上，与丝杠相连的大齿轮2固定在左箱体上，驱动电机带动齿轮1转动，使左右两箱体发生相对旋转，调整箱体之间的角度。箱体旋转机构是使箱体之间产生相对转动的一个机构，其目的是在转折线越障时可调整机器人与转折线的角度，从而适应转折线越障。

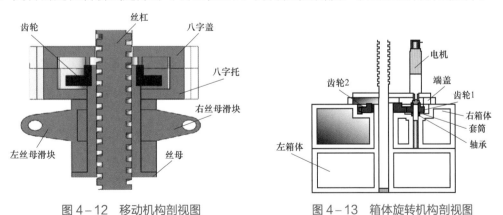

图4-12 移动机构剖视图

图4-13 箱体旋转机构剖视图

5. 铣削除冰机构

图4-14为铣削除冰机构，主要由电机、铣削轮、铣削轮罩和齿轮等组成。该铣削装

置用来去除前面电线上的覆冰，为机器人向前移动提供有利的保证。

6. 敲打除冰机构

图4-15为敲打除冰机构，主要由敲冰头、敲冰板、电机、圆盘和锥齿轮等组成。电机驱动锥齿轮转动，通过锥齿轮啮合带动圆盘转动，并将运动传递给摇杆机构，使凿冰头敲击敲冰板，去除电线上的覆冰。这样，铣削机构和敲打机构相互配合，共同完成高压线除冰任务。

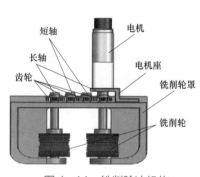

图4-14　铣削除冰机构

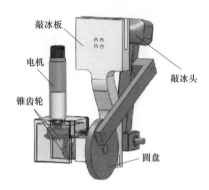

图4-15　敲打除冰机构

三、除冰机器人技术工程应用

2009年，国网山东省电力公司研制完成了架空输电线路除冰机器人，并分别在国网山东省电力公司的高压大厅和互感器实验室通过了550kV、1000A的电磁兼容实验；在实验室和模拟线路上进行了多次除冰实验。试验表明机器人对高硬度覆冰仍具有较高的除冰效率。

在南方电网公司超高压柳州局500kV桂山甲线停电线路040号杆塔至041号杆塔进行了机器人的运行实验。该段线路档距约200m，落差约40m，其中040号杆塔为耐张塔，041号杆塔为直线塔（塔高38m），最大坡度超过30°，对机器人性能没有明显影响。

在国网山东省电力公司500kV济长Ⅱ线带电线路162~163号杆塔进行了机器人的运行实验。该段线路档距约500m，落差约30m。试验表明，机器人在500kV带电线路上仍然具有高安全性和高可靠性。

第五章

三维重建技术在输电线路巡检中的应用

在输电线路智能巡检中，需要定位输变设备的故障点或缺陷位置，将故障点或缺陷位置的三维信息反馈给运维人员，进而根据定位排查故障输电线路原因。因此，在智能巡检中应用三维重构技术，可获得故障点或缺陷位置三维点云数据。

本章主要介绍利用激光雷达检测技术获得输电线路目标的三维数据点云，双目立体视觉技术的数学模型和三维重建的关键技术等内容，以及双目立体视觉技术在输电线路目标测距中的应用。

第一节　激光雷达检测技术

一、激光雷达技术简介

激光雷达（light detection and ranger，LIDAR）是激光技术和雷达技术结合的产物，其本质为一种主动式对地进行三维直接观察和测量的技术。LIDAR 系统包括一个单束窄带激光器和一个接收系统，其工作原理与传统雷达基本相同，是通过雷达发射信号，由接收系统收集从目标返回的信号，并对其进行观察和处理来发现目标、测量目标的坐标等信息。激光雷达按运载方式主要可分为机载激光雷达和地面激光雷达。本节主要介绍地面激光雷达技术在输电线路中的应用案例。

1. 机载激光雷达成像技术

利用机载激光雷达测量系统进行输电线路的运行维护和规划设计，在国外已取得了很多的应用，比如德国 GAH 公司作为德国最大的电力设计集团之一，已将激光雷达应用到电网的设计维护过程中，并形成了一整套成熟的作业流程。中国于 2005 年起将激光雷达应用于输电线路勘测设计中，2007 年北京超高压公司和张家口供电局将激光雷达技术应用到电力线间距离量测。日前，国内多家电力部门均敏锐地发现了机载激光雷达成像技术在电力线路运维中的应用价值与前景，正在大力开展机载激光雷达电力巡线的科研和试验工作。

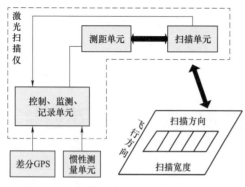

图 5-1 机载激光雷达成像系统示意图

机载激光雷达成像系统如图 5-1 所示，激光扫描单元产生并发射一束光脉冲，照射到物体上并反射回来，被接收器所接收，测距单元可准确地测量光脉冲从发射到反射回来的传播时间 T。因为光速 C 已知，利用测距单元测得的传播时间 T 即可对距离 D 实现精确测量，即 $D=1/2TC$。在激光扫描三维成像系统中，GPS 用于确定直升机的空间位置；采集作业中，惯性测量单元（IMU）实时提供直升机的空间姿态，即俯仰角、侧滚角和航向角，以便与 GPS 定位数据结合起来，对激光扫描数据进行快速定位，从而保持各种数据在时间和空间上的一致；控制和存储系统控制各设备协调工作，保证各分系统间数据采集同步和坐标系统统一，实时存储采集的激光点云数据。

机载激光雷达系统是目前应用最广泛、发展最成熟的激光雷达系统，国内外的多家激光雷达公司都已经推出成熟的机载激光雷达系统，在城市地形测绘、电力巡线、水下探测等领域有着广泛的应用。根据机载平台的实际应用特点，目前机载激光雷达的最大测距范围一般为 3~6km，测距精度为厘米级，激光发射重频可达百千赫兹量级，其探测体制也从成熟的线性探测向光子计数方向发展。

随着机载激光雷达在工程领域应用案例的增多，其优点逐渐被人们所熟知，主要表现在以下几个方面：

（1）作业效率高。对于线性大范围、不可进人的地区，机载激光雷达能快速获取植被下层地面与非地面的数据，不需要或很少需要作业人员进入测量现场，从而提高了作业效率。

（2）单位时间内获取信息量大。由于机载激光雷达是基于时间—飞行原理作业，能以飞行器的高度和速度快速获取整个地表的海量数据，其单位时间内获取可用信息量的能力较强。

（3）全数字特征。机载激光雷达获取的数据为全数字格式，这使得 LIDAR 数据易于生成能满足各种需求的数字产品，其最简单的数据格式为包涵坐标数据的 ASCII 文件。这些坐标数据反映了由 LIDAR 收集的地面上的三维信息，包括地表、建筑物、树或任何反射物。具有坐标参数的 ASCII 文件输入到后期处理软件中，可以制作丰富并有价值的产品，特别是输入到 GIS 软件中，可制作成栅格数字高程模型。

2. 地面激光雷达成像技术

与机载激光雷达技术相比，地面激光雷达技术起步较晚。地面激光雷达系统主要由激光测距系统和激光扫描系统组成，如图 5-2 所示。

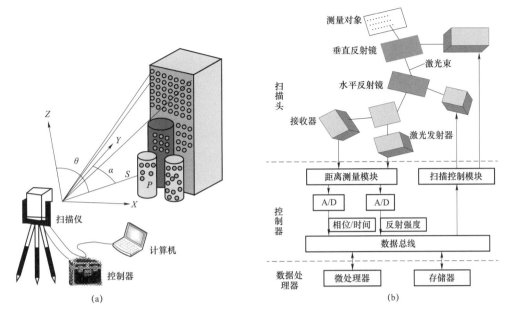

图 5-2　地面激光雷达的测量示意图

（a）激光扫描系统；（b）激光测距系统

　　在地面激光雷达的测距系统中，可以选择两种常用的测距方式：脉冲式测距和相位式测距。脉冲式测距是靠扫描控制模块控制扫描头中的两个同步反射镜快速有序的旋转，将激光脉冲发射器所发出的激光脉冲依次对目标扫描，距离测量模块可计算出每个激光脉冲从发射器端口到目标物体上再返回至发射器端口的时间 T，从而计算出目标物体上每个点的反射强度 I，以及激光发射器至目标物体的距离 d；相位式测距系统是靠激光器对被测目标发射一个正弦调制的光信号，接收目标反射回的光信号，通过测量发射光信号和接收光信号之间的相位差 $\Delta\varphi$，获得往返信号的时间间隔，从而计算出到目标的距离 L，即 $L = \dfrac{C\Delta\varphi}{\pi f_0}$（$f_0$ 为激光调制频率，C 为光速）。激光扫描系统可测量出目标物体上每个点在三维坐标系中的水平方向值 α 与天顶距值 θ。上述数据 d、α、θ 用来确定目标物体上每个点的三维坐标值，I 用来给激光雷达系统获得的点云适配颜色。

　　相比于传统的测量技术和方法，地面激光雷达检测技术采用主动、非接触工作方式，具有数据采集速率高、点云密度高、数据精度高、扫描对象信息完整等特点。常用的三维激光扫描仪直接获取目标物的三维坐标和纹理信息，易于后期处理、输出和保存。

　　当前，机载激光雷达作业模式因其具有作业速度高效快捷、安全、单位时间内获取信息量大等优势在输电线路勘测、设计及运维中得到了应用，并成为国内外研究热点。

二、地面激光雷达在输电线路中的应用

　　便携式地面三维激光雷达技术具有连续性、实时性、快速性、高描述性和精确性的特点，因此，地面激光雷达在输电线路领域具有广泛的应用前景。

1. 地面激光雷达的测量流程

（1）扫描作业前的准备工作。在外出作业前，应检查设备电池和备用电池是否存有足够电量，以及其他硬件设施是否正常。然后，根据被测对象的形态、构造、地形与地势等情况确定扫描仪的站点位置，并依据测量项目的实际要求确定两站点数据间的拼接模式。若两站点之间需用公共标靶进行高精度拼接，将至少3个公共标靶布设在不同高程位置，且避免3个标靶呈一条直线；若采用点云至点云的拼接方式，两站之间的重叠场景应要保持在30%以上。最后，依据电子水平仪对地面激光雷达系统的坐标系进行整平。

（2）参数设置与扫描操作。通常在扫描前对系统参数进行设置，系统参数包括取景选项（扫描范围、分辨率、点云质量）、单位（包括角度单位和长度单位）、视频模式（场景为实时或者拍照模式）、系统语言等。然后，对被测对象进行扫描，在扫描过程中作业人员应避开扫描场景区；扫描完成后，需检查扫描是否完成以及扫描数据是否完整，判断无误后保存扫描数据。将上个扫描站点的扫描数据读入后，重复上述操作步骤，便可进行新的扫描测站的扫描工作，扫描操作流程如图5-3所示。

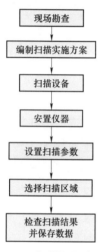

图5-3 扫描操作流程图

（3）扫描作业过程的注意事项。

1）扫描站点布设。在布设扫描测量站点和标靶点时，要根据地形地势充分考虑到各种情况，以保证站点与标靶形成通视，以利于标靶数据能被扫描仪捕获。在布设扫描测量站点时还要考虑到扫描仪到被测对象的距离。在保证能够全面扫描的前提下尽量缩小扫描仪与被测对象之间的距离，因为三维激光扫描的精度不是一个固定值，其点位测定精度取决于仪器的测距精度和测角精度。扫描物体到扫描仪的距离越大，距离测量和角度测量的误差就越大，点位精度就越低。另外，地面激光雷达的激光束与被测物体的夹角也是影响点云数据质量的关键因素之一，激光束的入射角越小，点云数据的质量越好，因此在架设站点时，应保证站点与被测物体的角度不宜过大。

2）扫描时分辨率的设置。在扫描过程中，设置的扫描间隔必须与被测对象的特性相匹配。例如，如果扫描间隔大于铁塔的钢架结构，这些三角钢架在扫描过程中将被忽略，点云的尺寸也会被缩小。扫描分辨率决定了对扫描物体的分辨能力。扫描时采用的密度越高，目标物体的空间特性就越明显。但对于同一平面上的不同物体，光提高分辨率是不够的，可以借助点的颜色属性来增加判断能力。在相同分辨率的情况下，离扫描仪的远近不同，扫描的详细程度和精度就会不同，离扫描仪越近的目标扫描越精细，反之就越粗糙。需要注意的是，空间内位于不同位置的物体扫描采样密度同样也不一样。因此，需要根据铁塔和扫描之间的距离以及铁塔的特性来设置扫描仪的分辨率。

3）标靶布设。设置标靶点时，需要考虑与扫描站点之间的通视情况，并且距离扫描测量站点要适中，即与两个相邻的扫描测量站点的距离大致一样且距离不能太远。因为扫描精度受到距离、位置以及分辨率的限制，标靶一旦架设完成就不能移动，尤其上一个扫描测量完成后还未进行下一扫描测量前，对于基于标靶的拼接，标靶的移动会严重影响到拼接的效果，从而影响整个模型的建立。

（4）扫描数据处理。将得到的测量数据进行归类，按照预定的拼接方式检查拼接条件，利用地面激光雷达自带的仪器拼接点云数据，检查拼接精度是否达到工程要求，并进行降噪处理。再利用第三方点云数据处理软件进一步处理得到最终的理想成果。

2. 地面激光雷达在检测导线距离类缺陷中的应用

首先利用地面激光雷达采集导线、杆塔、绝缘子等被测电力设施的点云数据和现场实景彩色图片，进而对点云数据进行消噪，得到一个噪声点少、视觉效果好的点云图，然后根据点云数据的三维坐标信息测量输电线路的各类缺陷。以下案例主要包括输电线路空间距离类、杆塔参数类、杆塔基础类的缺陷检测与分析。

（1）导线之间距离的测量。

1）相间距测量。导线的相间距可以利用点至直线的距离测量方法进行精确计算。首先将导线的点云数据放大以利于测量点的选取，然后利用曲线对一条导线进行拟合，然后在另外一条导线上选取一个测量点，测量该点至曲线的垂直距离，该距离就是两相导线之间的最近距离，如图5-4所示，两相导线的距离为10.141m。

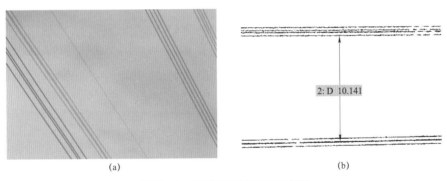

(a)　　　　　　　　　　　　　　　(b)

图5-4　导线相间距测量示意图

（a）实际导线；（b）相间距测

2）线路导线的交叉跨越测量。导线的交叉跨越距离测量可等效为两条曲线直接的距离测量，这需要求得两条曲线之间的公垂线。然而由于导线的弧度很小，在较小的范围内可将导线视为直线，因此将交叉跨越的两条导线之间的距离测量转化为两条直线的距离测量。首先在两条导线跨越处分别拟合一个长度不超过20cm的向量，然后求得两个向量的公垂线，计算出公垂线的长度就是两条交叉跨越导线之间的最短距离，如图5-5所示，测量的结果为7.383m。

（2）导线对地、树、建筑物空间距离测量。

1）导线到地面的距离测量。导线对地面的距离可以等效为一条曲线至一个平面的距离，首先放大点云数据以便识别出导线的点云数据，对导线点云数据拟合一条曲线，并以

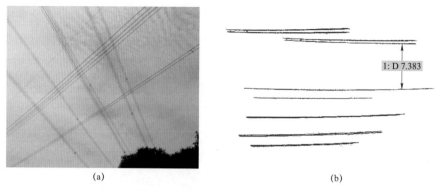

(a)　　　　　　　　　　　　　(b)

图 5-5　导线交叉跨越测量示意图

（a）实际导线；（b）交叉跨越测量

地面上某个点的三维坐标及竖直方向的法向量创建一个水平面，然后测量曲线最低点至水平面的距离就是导线对地的距离，如图 5-6 所示，导线对地距离为 21.116m。

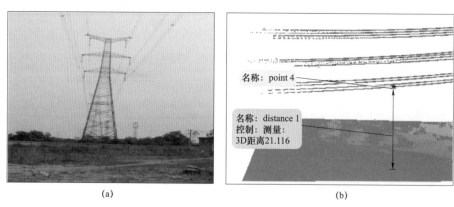

(a)　　　　　　　　　　　　　(b)

图 5-6　导线至地面的距离测量示意图

（a）实际导线；（b）导线至地面的距离测量

2）导线至树木顶部的距离测量。首先依据树木点云数据三维坐标的 Z 值选择选取树木顶部的最高点，其中 Z 值越大的点就是树木顶部的最高点。然后在对应的导线上拟合一条曲线，测量最高点至曲线之间的最短距离就是导线至树木的最短距离，测量结果为 7.897m，如图 5-7 所示。

3）导线至建筑物的最近距离测量。由于导线与建筑物的走势相对平行，该建筑物的顶部为长方体，所以导线至该建筑物的距离就是导线至长方体的一条边的距离。首先对靠近建筑物的导线拟合一个向量，并对靠近导线的建筑物顶部侧边拟合另外一个向量，测量两个向量公垂线的长就是导线至建筑物的距离，如图 5-8 所示，导线至建筑物的距离为 25.057m。

（3）导线弧垂测量。导线弧垂测量即为导线悬挂点与导线最低点在竖直方向的距离。首先在点云数据中选取杆塔上绝缘子与导线接触处的挂点，然后在导线上选取最低点，依据两点的三维坐标求得两点坐标的 Z 值差就是导线的弧垂值，如图 5-9 所示，导线弧垂为 4.414m。

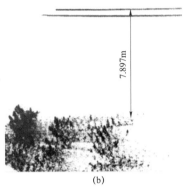

(a)   (b)

图 5-7 点云图中导线至树顶的测量示意图

（a）实际导线；（b）点云图中导线至树顶的距离测量

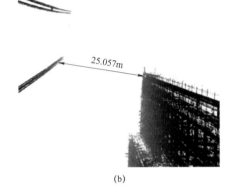

(a)   (b)

图 5-8 实际导线与建筑物最近距离测量示意图

（a）实际导线与建筑物；（b）导线与建筑物最近距离的测量

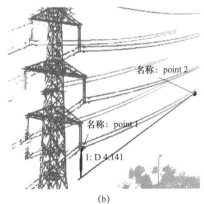

(a)   (b)

图 5-9 导线弧垂测量示意图

（a）实际导线；（b）导线弧垂测量

（4）导线风偏窗口的间隙测量。猫头塔上的三相导线从塔身中间穿过，导线风偏窗口的间隙就是三相导线至杆塔侧身的距离。测量猫头塔导线风偏窗口的间隙应首先在绝缘子与在导线结合点处选取 3 个悬挂点，分别以 3 个悬挂点为参考点，且以竖直方向的单位向量作为法向量创建 3 个水平面, 3 个水平面与 3 条导线对应的杆塔侧面中心形成 3 个交点,而 3 个悬挂点与对应的杆塔侧面中心之间的距离就是导线风偏窗口的间隙距离,如图 5−10 所示,间隙距离分别为 4.854m、4.827m 和 5.711m。

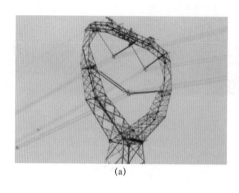

(a)

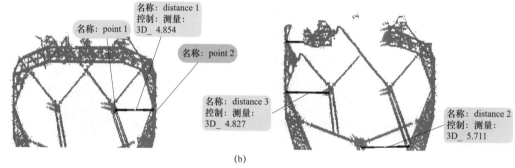

(b)

图 5−10　导线至铁塔水平距离测量示意

(a) 实际导线与铁塔; (b) 导线至铁塔水平距离测量

3. 杆塔基础护坡塌方测量与评估

杆塔基础护坡塌方测量与评估包含点云数据的采集、消噪、修剪、点云三角化等一系列处理,具体流程如下。

(1) 点云数据的采集。在塌方护坡正面选择一个合适角度架设地面激光雷达,由于基础护坡塌方测量并不需要高分辨率的点云数据,所以建议采用较快的扫描模式来获取现场的点云数据,现场测量图如图 5−11 所示。

图 5−11　现场测量图

(2) 点云图的修剪。现场所采集的点云数据包含了大量的冗余信息,这些冗余信息占用了大量的存储空间并耗费大量的运算时间,所以需要将原始点云数据中的噪声点和不需要的其他点删除,可以得到一个视觉效果好、精度高的塌方点云图,如图 5−12 所示。

（3）护坡斜面的拟合及修剪。在护坡尚未破损的小区域内选取一个点云组成的平面，以该点云平面为依据拟合一个数字平面。此时的平面的面积较小，无法与护坡的整个斜面相吻合，需要将平面修剪成一个与护坡斜面相吻合的平面，如图 5－13 所示。

图 5－12　护坡塌方点云图的修剪　　　　　图 5－13　护坡斜面的拟合后视图

（4）点云数据的三角化。选择全部点云数据，应用三角化数据点功能选取合适的三角化最大边长，点云数据实现三角化后，形成一个网格图，如图 5－14 所示。再选取三角化的点云数据和平面，在选择菜单中比较至基本元素，并设置合适参数，以完成塌方点云数据的三角化曲面至平面的比较。

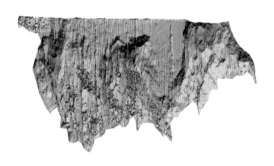

图 5－14　点云数据的三角化

（5）护坡土方流失量的测量。选择点云数据三角化后的网格和拟合护坡斜面的平面，测量出平面至塌方曲面的体积，该体积就是土方流失量，如图 5－15 所示，杆塔基础护坡的土方流失量为 135.065 032m³。

图 5－15　护坡土方流失量的测量

第二节　双目立体视觉技术在输电线路目标测距中的应用

本节主要介绍双目立体视觉技术在输电线目标测距的应用，包括双目立体视觉技术简介、输电线路测距应用等。

一、输电线路立体视觉技术应用概况

1. 输电线路可视化概况

随着快速发展的图像处理技术的应用，输电线路现场的图形可视化智能分析也得到实现。很多输电线路杆塔都安装了视频图像在线监拍装置，如图 5-16 所示。装置通过摄像头采集线路环境图像，结合计算机视觉技术进行识别和分析，为输电线路的故障检测和防护提供了有效的方法。

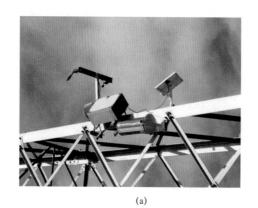

(a)　　　　　　　　　　　　　　　　　(b)

图 5-16　安装于杆塔的输电线路在线监拍装置

(a) 杆塔监测；(b) 输电线路监测

影响输电线路安全运行的参数有覆冰情况、雷电屏蔽特性、风偏情况、弧垂程度等，采集这些参数并使用以太网技术传递数据信息，这是监测输电线路健康状态的普遍方法。随着立体视觉测量技术的发展，该技术在电力系统监测方面也受到了广泛的应用，如导线覆冰检测、架空输电线路的三维重建等。该技术是对传统输电线路监测系统的完善与改进，可实现对输电线路的自动检测与测量，能够大大减少人力和物力的投入，在很大程度上确保了输电线路的安全。

2. 双目立体视觉技术概况

立体视觉技术诞生于 20 世纪 60 年代，麻省理工学院的 Roberts 对数字图像中的立方体、棱柱等立体图形做了数学层面的空间描述，将图像本身的二维特征扩展到了三维场景。发展到 80 年代，来自 MIT 人工智能实验室的 Marr 教授创立了计算机视觉理论的框架，推动了图像重构三维世界体系的发展。到 20 世纪末期，在立体视觉技术的基础上相继有研究人员提出了双目视觉理论。双目视觉是仿照人眼对三维世界的感知能力，通过左右两个摄像机捕捉的图像中同一目标的视差重建环境立体信息,这是后续理论和应用研究的基础。由于在图像三维重建方面的优势,双目视觉在多个领域得到了应用,目前主要集中于三维测量、机器人导航、虚拟现实技术和微操作系统参数检测。

双目立体视觉的完整过程主要由双目摄像机标定、立体匹配和三维重建组成。图5-17将完整的双目立体匹配以及后续的三维重建流程体现了出来,它的流程顺序是从左上角至右下角。

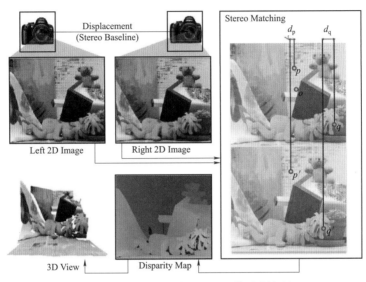

图5-17 双目立体匹配及三维重建流程

(1)摄像机标定。

在双目立体视觉三维重建系统中,最为关键的步骤就是摄像机参数的标定和对应像素的匹配以及最终物体的三维坐标恢复。摄像机标定是其中最为基础的步骤,获得更加精确的摄像机内部和外部参数,对获得待测点的精确视差和三维坐标大有帮助。

摄像机标定是三维重建的首要步骤,其目的是为了获得摄像机的内部参数和外部参数。内部参数反映了摄像机的几何和光学特性,外部参数则表征摄像机的空间位置关系。

利用一个规则精确的标定物作为参照物,利用参照物上特定点的坐标与这个点在图像上的坐标可以获得不同坐标系下的对应关系,即摄像机模型,然后进一步计算出摄像机模型参数并优化结果,这属于传统的标定方法。

常用的是张正友棋盘格标定法。首先打印出一张高精度且具有精确点位的棋盘格标定板,然后使用双目相机从多个方向拍摄多幅不同角度的标定图像,再利用精确的角点在不同坐标系下的准确坐标,建立成像模型计算图像和标定模板间的单应性矩阵,最后进一步计算相机的参数。棋盘格标定板如图5-18所示。图5-19表示完成标定后左右摄像机和标定板的位姿关系,蓝色和红色分别代表左右相机,最前方的则是标定板从不同角度拍摄时的位置。

图 5-18　棋盘格标定板

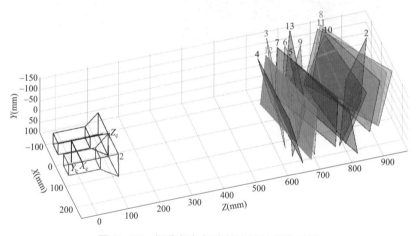

图 5-19　摄像机与标定板之间的位姿关系

　　获取摄像机内部和外部参数并建立摄像机立体成像模型后，若再知道成像平面各对应像素点间的视差，就可以求得被拍摄场景的三维数据。由此可知，标定是双目立体视觉研究的基础和前提。

　　（2）立体匹配。

　　立体匹配就是在不同空间位置下左右摄像机对三维空间中的观测对象拍摄获取到的二维图像中，寻找三维空间中被观察对象在左右两幅图像中对应的投影点，并根据左右图像对应点计算出对应点之间的视差的过程。如图 5-17 所示，左右相机分别拍摄了左右视图，通过立体匹配可以获取物体的视差。

　　立体匹配算法一般分为基于全局的立体匹配算法和基于局部的立体匹配算法。全局立体匹配算法主要有动态规划算法、图割算法和置信传播算法三种。在传统的基于双目立体视觉的三维重建系统中，主要应用局部立体匹配算法。局部立体匹配算法主要有自适应支持窗口算法、自适应权值算法和多窗口算法三种。

　　局部立体匹配算法是以左图中的某个像素为中心建立固定大小的匹配窗口，利用匹配窗口内包含的某些特定的信息，在右图中搜索最佳的与其对应大小的窗口，这种匹配模型相较于全局匹配算法简单，容易理解，还具有运算速度快的优点，非常适用于嵌入式平台，比较适用于现实场景中的实时立体匹配过程。但缺点是精度相对较低，尤其是对纹理信息和外部光照条件较为敏感。

根据视差原理，把获得的视差经过简单的运算，就可以恢复出待测物体上点的三维空间坐标，从而进一步计算出物体的三维模型。

（3）三维点云重建。

在双目视觉系统中，使用基于同一基准线平行放置的左右两个摄像机来分别模仿人的左右眼，同时拍摄一组图像，处于真实世界中的物体在左右两张图像中的位置存在一定的差别，这种差别就是视差；然后就可以根据左右图像中的视差，利用简单的相似三角形原理计算这个物体在真实世界中的实际坐标。三维重建结果如图 5-20 所示。

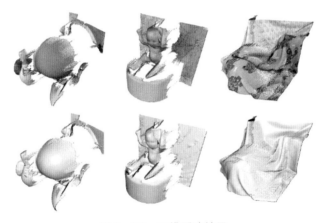

图 5-20 三维重建结果

双目视觉三维重建技术不用预先建立大规模数据就可以计算出真实世界中物体的三维坐标，具有计算速度快、非接触式测量、系统结构简单、重建成本低等优点，在生产和生活的各个方面都有广泛的应用。在工业生产流水线中，基于双目立体视觉三维重建技术可以对产品进行在线、非接触性检测，包括产品的外形检测、材料的表面缺陷检测等；在国防和航空航天领域，双目立体视觉三维重建技术也具有极其重要的意义，例如一些飞行器和导弹等运动目标的跟踪与识别、车辆自动导航及航空器的视觉控制等；在民用领域，增强现实和虚拟现实中构造三维场景，可以令其效果更加真实生动。

二、双目立体视觉技术数学模型

1. 针孔摄像机模型

目前，有多种摄像机成像模型，但在一般情况下，都会将摄像机成像模型假定为理想的针孔成像模型。这是因为针孔成像模型不考虑镜头畸变的影响，原理最简单，使用较为广泛。

在图 5-21 描述的理想成像模型中，各个坐标分别是世界坐标系 $X_wY_wZ_w$、摄像机坐标系 $X_cY_cZ_c$、图像坐标系 xy、像素坐标系 uv。各个坐标系之间的变换关系如图 5-22 所示。

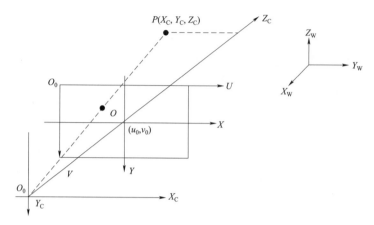

图 5-21　摄像机理想针孔成像模型

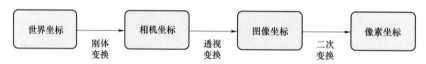

图 5-22　各个坐标系之间的变换关系

世界坐标系 $X_wY_wZ_w$：摄像机可以放在实验场景中的任何位置，所以摄像机的基准位置必须要选择一个世界坐标系进行描述，同时，该坐标系也是用来描述环境中其他物体的固定位置。

摄像机坐标系 $X_cY_cZ_c$：以摄像机中心为 O_c 点，相机光轴作为 Z_c 轴，和成像平面垂直，方向由摄像机中心指向图像平面，X_c、Y_c 分别和 X、Y 轴平行，方向一致。

图像坐标系 xy 和像素坐标系 uv：像素坐标系表示图像像素的位置关系，以像素为单位，原点位于 O_0 处，像素点 (u,v) 表示该像素在像素坐标系中的行和列，但是像素坐标没有实际的物理意义。所以，建立了图像坐标系，它以摄像机光轴和图像平面交点作为原点，记为 O，水平 X 轴和竖直方向 Y 轴分别和 u、v 轴平行。O 点像素坐标记为 (u_0,v_0)。

（1）设空间中某一点 p，其在世界坐标系下的坐标为 $P(X_wY_wZ_w)$，其在摄像机坐标系下的坐标为 $P(X_cY_cZ_c)$，两个坐标之间的变换关系如下：

$$\begin{bmatrix} X_C \\ Y_C \\ Z_C \end{bmatrix} = \boldsymbol{R} \begin{bmatrix} X_W \\ Y_W \\ Z_W \end{bmatrix} + \boldsymbol{T} \qquad (5-1)$$

式中：$\boldsymbol{R}$ 为 3×3 的旋转矩阵且正交；$\boldsymbol{T}$ 为 3×1 的平移向量；摄像机坐标系与世界坐标系之间的关系可以用 $\boldsymbol{R}$ 和 $\boldsymbol{T}$ 来表示。

（2）通过摄像机针孔成像模型下的理想透视变换，空间点 p 投影到摄像机成像平面上

的坐标为 $p(x,y)$，变换关系如下：

$$Z_C\begin{bmatrix} x \\ y \\ 1 \end{bmatrix} = \begin{bmatrix} f & 0 & 0 \\ 0 & f & 0 \\ 0 & 0 & 1 \end{bmatrix}\begin{bmatrix} X_C \\ Y_C \\ Z_C \end{bmatrix} \qquad (5-2)$$

式中：f 为焦距。

（3）p 点以像素为单位的像素坐标与图像坐标之间的转换如下：

$$\begin{bmatrix} u \\ v \\ 1 \end{bmatrix} = \begin{bmatrix} 1/d_x & 0 & u_0 \\ 0 & 1/d_y & v_0 \\ 0 & 0 & 1 \end{bmatrix} \qquad (5-3)$$

式中：d_x 与 d_y 是每一个像素在 x 轴与 y 轴上的物理尺寸；(u_0,v_0) 为成像中心 O 点的坐标。

图像坐标系与像素坐标系之间的关系如图 5-23 所示。

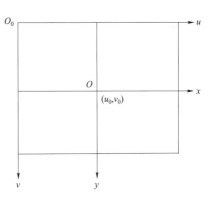

图 5-23 图像坐标系与像素坐标系

由式（5-1）～式（5-3）在理想情况下（不考虑摄像机镜头畸变的影响）得到式（5-4）：

$$Z_C\begin{bmatrix} u \\ v \\ 1 \end{bmatrix} = \begin{bmatrix} 1/d_x & 0 & u_0 \\ 0 & 1/d_y & v_0 \\ 0 & 0 & 1 \end{bmatrix}\begin{bmatrix} f & 0 & 0 & 0 \\ 0 & f & 0 & 0 \\ 0 & 0 & 1 & 0 \end{bmatrix}\begin{bmatrix} R & T \\ 0 & 1 \end{bmatrix}\begin{bmatrix} X_W \\ Y_W \\ Z_W \\ 1 \end{bmatrix}$$

$$= \begin{bmatrix} \alpha & \gamma & u_0 & 0 \\ 0 & \beta & v_0 & 0 \\ 0 & 0 & 1 & 0 \end{bmatrix}\begin{bmatrix} R & T \\ 0 & 1 \end{bmatrix}\begin{bmatrix} X_W \\ Y_W \\ Z_W \\ 1 \end{bmatrix} = M_1 M_2 \begin{bmatrix} X_W \\ Y_W \\ Z_W \\ 1 \end{bmatrix} \qquad (5-4)$$

式中：M_1 和 M_2 分别为摄像机的内部和外部参数，内部参数主要包括在 u 轴和 v 轴方向上的归一化焦距 α 和 β，切变系数 γ 和摄像机的成像中心 (u_0,v_0) 等外部参数为旋转矩阵 **R** 和平移矩阵 **T**。

2. 双目摄像机成像模型

双目摄像机标定可以获得标定物体的深度信息。对于物体表面任意点 p，用单个摄像机进行拍摄时则无法获得 p 点的深度信息。如果用两台摄像机从不同角度同时拍摄 p 点并获取图像，则可以通过视差原理重建物体表面的几何形状。双目摄像机标定是进行物体三维重建、立体测距和双目视觉导航等不可或缺的一步。

图 5-24 为双目摄像机成像模型，左右摄像机 Z 轴之间的距离为基线距离记为 b。

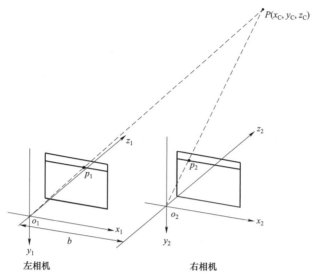

图 5-24 双目摄像机成像模型

两摄像机在同一时间拍摄物体上某一点 P，点 P 投影在左摄像机坐标系上的像点记为 $p_1(x_1, y_1)$，在右摄像机坐标系上投影得到的像点记为 $p_2(x_2, y_2)$。假设左右摄像机成像平面共面且行对准，则 p 点的左右图像纵坐标相等，有 $y_1 = y_2 = y_3$。由三角几何关系可以得到如下关系式：

$$\begin{cases} x_1 = f\dfrac{x_C}{z_C} \\ x_2 = f\dfrac{x_C - b}{z_C} \\ y = f\dfrac{y_C}{z_C} \end{cases} \quad (5-5)$$

则左右图像视差为 $d = x_1 - x_2$。由此可以计算出特征点的三维坐标：

$$\begin{cases} x_C = \dfrac{bx_1}{d} \\ y_C = \dfrac{by}{d} \\ z_C = \dfrac{bf}{d} \end{cases} \quad (5-6)$$

因此，由 p_1 和 p_2 的图像坐标 (x_1, y_1) 和 (x_2, y_2) 即可求出空间点 p 的坐标 (x_C, y_C, z_C)。

3. 左右摄像机位置关系

单目摄像机标定可以求解得到摄像机的内外参数，双目摄像机的标定可以得到每个相机的内外参数，同时还需要计算出左右两个相机间的位置关系。左右摄像机坐标系之间的关系也是用旋转矩阵 $\boldsymbol{R}$ 和平移向量 $\boldsymbol{T}$ 表示。两摄像机位置关系如图 5-25 所示。

双目摄像机标定需要求取两个相机之间的位姿关系，为了确定两个相机之间的位姿关

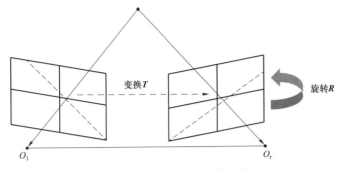

图 5-25 左右摄像机的位置关系

系，需要以左右摄像机坐标系和世界坐标系的关系为基础，建立两个相机坐标系之间的变换关系。

根据摄像机成像模型可得：

$$\begin{bmatrix} x_1 \\ y_1 \\ z_1 \\ 1 \end{bmatrix} = \begin{bmatrix} R_1 & T_1 \\ 0 & 1 \end{bmatrix} \begin{bmatrix} X_W \\ Y_W \\ Z_W \\ 1 \end{bmatrix} \tag{5-7}$$

$$\begin{bmatrix} x_r \\ y_r \\ z_r \\ 1 \end{bmatrix} = \begin{bmatrix} R_r & T_r \\ 0 & 1 \end{bmatrix} \begin{bmatrix} X_W \\ Y_W \\ Z_W \\ 1 \end{bmatrix} \tag{5-8}$$

式中：(X_W, Y_W, Z_W) 为空间点 p 在世界坐标系下的坐标；(x_1, y_1, z_1) 和 (x_r, y_r, z_r) 分别为点 p 左右图像坐标；$\boldsymbol{R}_1$、$\boldsymbol{T}_1$ 为左相机的旋转和平移矩阵，$\boldsymbol{R}_r$、$\boldsymbol{T}_r$ 为右相机的旋转和平移矩阵。

由式（5-7）和式（5-8）可以求解得到式（5-9）：

$$\begin{bmatrix} x_r \\ y_r \\ z_r \\ 1 \end{bmatrix} = \begin{bmatrix} R_r^{-1} R_r & T_r - R_1^{-1} R_1 T_1 \\ 0 & 1 \end{bmatrix} \begin{bmatrix} x_1 \\ y_1 \\ z_1 \\ 1 \end{bmatrix} = \begin{bmatrix} R & T \\ 0 & 1 \end{bmatrix} \begin{bmatrix} x_1 \\ y_1 \\ z_1 \\ 1 \end{bmatrix} \tag{5-9}$$

通过求解式（5-9）可以得到旋转矩阵 $\boldsymbol{R}$ 和平移向量 $\boldsymbol{T}$。

三、双目立体视觉关键技术

（一）双目立体视觉摄像机标定技术

1. 张正友棋盘格标定法

张正友棋盘格标定法是张正友教授 1998 年提出的用单平面棋盘格作为标定物的一种摄像机标定方法。该方法介于传统标定方法和自标定法之间，只需要一个较高精度的平面棋盘格标定物就能够对摄像机进行标定。该方法克服了传统标定法需要高精度标定物的特点，同时相对于自标定又提高了标定精度，操作简单。因此，张正友棋盘格标定法推动了计算机视觉向实际应用的发展，广泛应用于计算机视觉方面。

（1）单应性矩阵。由上节介绍的摄像机模型的有关内容可知，设点 p 三维世界坐标系的坐标为 $M=[X,Y,Z,1]^T$，二维相机平面像素坐标为 $m=[u,v,1]^T$，所以图像平面点与相对应的棋盘格标定点之间的单应性关系为：

$$sm = K[R,T]M \tag{5-10}$$

其中 s 为尺度因子，对于齐次坐标来说，不会改变齐次坐标值，因此不参与坐标运算；$K=\begin{bmatrix} \alpha & \gamma & u_0 \\ 0 & \beta & v_0 \\ 0 & 0 & 1 \end{bmatrix}$ 为摄像机内参数，α、β 分别为图像像素坐标系 u 轴和 v 轴方向上的归一化焦距，γ 为图像平面的切变系数；R 为旋转矩阵，T 为平移向量，都为摄像机外部参数。

张正友棋盘格标定法中，将世界坐标系定在标定板平面上，令标定板平面为 $Z=0$ 的平面。由 $Z=0$，式（5-10）可以化为下式：

$$s\begin{bmatrix} u \\ v \\ 1 \end{bmatrix} = K[r_1 \quad r_2 \quad r_3 \quad T]\begin{bmatrix} X \\ Y \\ 0 \\ 1 \end{bmatrix} = K[r_1 \quad r_2 \quad T]\begin{bmatrix} X \\ Y \\ 1 \end{bmatrix} \tag{5-11}$$

由 $\begin{bmatrix} X \\ Y \\ 1 \end{bmatrix}$ 到 $\begin{bmatrix} u \\ v \\ 1 \end{bmatrix}$ 的变化属于单应性变化，令 $H=K[r_1 \quad r_2 \quad T]$ 为单应性矩阵，即有：

$$s\begin{bmatrix} u \\ v \\ 1 \end{bmatrix} = H\begin{bmatrix} X \\ Y \\ 1 \end{bmatrix} \tag{5-12}$$

$$H = [h_1 \quad h_2 \quad h_3] = \lambda K[r_1 \quad r_2 \quad T] \tag{5-13}$$

其中，矩阵 H 一共有 8 个未知数。一组对应点可以建立两个方程，因此，至少需要 4 组对应的坐标点即可以计算出单应性矩阵 H。

（2）摄像机内外参数。由式（5-13）可得：

$$\begin{cases} \lambda = \dfrac{1}{s} \\ r_1 = \dfrac{1}{\lambda}K^{-1}h_1 \\ r_2 = \dfrac{1}{\lambda}K^{-1}h_2 \end{cases} \tag{5-14}$$

由于旋转矩阵 R 为正交矩阵，r_1 和 r_2 正交，可得：

$$\begin{cases} r_1^T r_2 = 0 \\ \|r_1\| = \|r_2\| = 1 \end{cases} \tag{5-15}$$

将式（5-15）代入式（5-14）可得：

$$\begin{cases} h_1^{\mathrm{T}} \boldsymbol{K}^{-\mathrm{T}} K^{-1} h_2 = 0 \\ h_1^{\mathrm{T}} K^{-\mathrm{T}} K^{-1} h_1 = h_2^{\mathrm{T}} K^{-\mathrm{T}} K^{-1} h_2 \end{cases} \quad (5-16)$$

由于内参数矩阵 $\boldsymbol{K}$ 包含了 5 个参数，因此至少需要 3 个单应性矩阵才能求解内参矩阵 $\boldsymbol{K}$，因此至少需要 3 幅不同角度的棋盘格平面的图片进行标定。为了计算方便，令：

$$\boldsymbol{B} = K^{-\mathrm{T}} K^{-1} = \begin{bmatrix} B_{11} & B_{12} & B_{13} \\ B_{21} & B_{22} & B_{23} \\ B_{31} & B_{32} & B_{33} \end{bmatrix}$$

$$= \begin{bmatrix} \dfrac{1}{\alpha^2} & -\dfrac{\gamma}{\alpha^2 \beta} & \dfrac{v_0 \gamma - u_0 \beta}{\alpha^2 \beta} \\[3mm] -\dfrac{\gamma}{\alpha^2 \beta} & \dfrac{\gamma^2}{\alpha^2 \beta^2} + \dfrac{1}{\beta^2} & -\dfrac{\gamma(v_0 \gamma - u_0 \beta)}{\alpha^2 \beta} - \dfrac{v_0}{\beta^2} \\[3mm] \dfrac{v_0 \gamma - u_0 \beta}{\alpha^2 \beta} & -\dfrac{\gamma(v_0 \gamma - u_0 \beta)}{\alpha^2 \beta} - \dfrac{v_0}{\beta^2} & \dfrac{(v_0 \gamma - u_0 \beta)^2}{\alpha^2 \beta^2} + \dfrac{v_0}{\beta^2} + 1 \end{bmatrix} \quad (5-17)$$

由上式可知，$\boldsymbol{B}$ 是一个对称矩阵，因此矩阵 $\boldsymbol{B}$ 有效元素为 6 个，可以写成向量 $\boldsymbol{b}$，即：

$$b = \begin{bmatrix} B_{11} & B_{12} & B_{13} & B_{13} & B_{23} & B_{33} \end{bmatrix}^{\mathrm{T}} \quad (5-18)$$

单应性矩阵 $\boldsymbol{H}$ 第 i 列向量可表示为：

$$h_i = \begin{bmatrix} h_{i1} & h_{i2} & h_{i3} \end{bmatrix}^{\mathrm{T}} \quad (5-19)$$

由式（5-19）可推导出下式：

$$h_i^{\mathrm{T}} B h_j = v_{ij}^{\mathrm{T}} b \quad (5-20)$$

其中 $v_{ij} = \begin{bmatrix} h_{i1} h_{j1} & h_{i1} h_{j2} + h_{i2} h_{j1} & h_{i2} h_{j2} & hh_{j1} + h_{i1} h_{j3} & h_{i3} h_{j2} + h_{i2} h_{j3} & h_{i3} h_{j3} \end{bmatrix}^{\mathrm{T}}$

将式（5-20）代入式（5-16）内参数约束条件得到下式：

$$\begin{bmatrix} v_{12}^{\mathrm{T}} \\ (v_{11} - v_{22})^{\mathrm{T}} \end{bmatrix} b = 0 \quad (5-21)$$

通过上式，至少拍摄 3 组包含标定板的图像就可解出 $\boldsymbol{B}$，然后通过分解，算出内参矩阵 $\boldsymbol{K}$。

由之前的推导式（5-14），可得到摄像机的外参数如下：

$$\begin{cases} \lambda = \dfrac{1}{s} = \dfrac{1}{\|K^{-1} h_1\|} = \dfrac{1}{\|K^{-1} h_2\|} \\[3mm] r_1 = \dfrac{1}{\lambda} K^{-1} h_1 \\[3mm] r_2 = \dfrac{1}{\lambda} K^{-1} h_2 \\[3mm] r_3 = r_1 \times r_2 \\[3mm] t = \lambda K^{-1} h_3 \end{cases} \quad (5-22)$$

（3）畸变参数。在实际的成像过程中，由于透镜制造精度以及组装工艺的偏差实际上会引入镜头畸变，使得摄像机无法满足理想的针孔成像模型，因此会导致原始图像的失真。根据畸变产生的原因不同可以将其分为径向畸变和切向畸变。

镜头径向畸变是由于透镜曲率沿镜头中心往边缘区域不断变化而产生的，光线在透过透镜时会发生一定的弯曲，且在镜头边缘弯曲程度最为严重。用手机拍摄时很容易发现，在图像中心区域的图像几乎没什么变形，而处于图像边缘的区域图像变形比较严重，因此这也是为什么在相机中间取景会拍得更好看一些。径向畸变包含桶形畸变和枕形畸变两种形式，如图 5-26 所示。

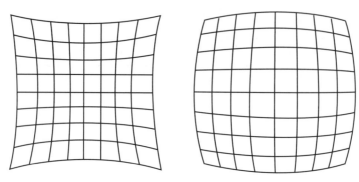

图 5-26 径向畸变

（4）极大似然估计。由以上步骤得到的摄像机内外参数及畸变系数只是初步的结果，需要进一步优化得到更精确的标定结果。张正友棋盘格标定法是使用极大似然估计法来对标定参数进行优化。若实验拍摄了 n 张含棋盘格的图像用于标定，每个图像上被识别的角点个数为 m 个，则第 i 张图像的第 j 个角点 M_j 通过约束矩阵求得在图像上的反投影点，盖映射关系为：

$$m'(\boldsymbol{K}, k_1, k_2, \boldsymbol{R}_i, \boldsymbol{T}_i, M_{ij}) = \boldsymbol{K}\left[\boldsymbol{R}\middle|\boldsymbol{T}\right]M_{ij} \qquad (5-23)$$

式中：$\boldsymbol{R}_i$ 和 $\boldsymbol{T}_i$ 为第 i 幅图像的旋转矩阵和平移向量；$\boldsymbol{K}$ 为内参矩阵；$m'(\boldsymbol{K}, k_1, k_2, \boldsymbol{R}_i, \boldsymbol{T}_i, M_{ij})$ 表示图像 i 中角点 M_j 的理想投影点。

则角点 m_{ij} 的概率密度函数为：

$$f(m_{ij}) = \frac{1}{\sqrt{2\pi}}\mathrm{e}^{\frac{-[m'(K, k_1, k_2, R_i, T_i, M_{ij}) - m_{ij}]^2}{\delta^2}} \qquad (5-24)$$

构造似然函数：

$$\begin{aligned}
L(K, k_1, k_2, R_i, T_i, M_{ij}) \\
= \prod_{i=1, j=1}^{n, m} f(m_{ij}) = \frac{1}{\sqrt{2\pi}}\mathrm{e}^{\frac{-\sum_{i=1}^{n}\sum_{j=1}^{n}[m'(K, k_1, k_2, R_i, T_i, M_{ij}) - m_{ij}]^2}{\delta^2}}
\end{aligned} \qquad (5-25)$$

式中：m_{ij} 表示第 i 副标定图像上第 j 个角点的图像像素坐标。

若要使似然函数 L 取得最大值，则让 fitness 最小，即

$$fitness = \sum_{i=1}^{n} \sum_{j=1}^{n} \left\| m'(K,k_1,k_2,R_i,T_i,M_{ij}) - m_{ij} \right\|^2 \qquad (5-26)$$

问题转换为对非线性方程的最小值的求解问题。

2. 基于标定杆的双目摄像机标定

到目前为止，已经有许多相机标定的方法面世。比较常见的方法有直接线性变换标定法、传统两步标定法和张氏标定法等。其中，张正友标定法因为具有标定过程简单、精度较高等优点，在实际的标定试验中应用广泛。在输电线路中，使用张正友棋盘格拍摄标定图片，其结果如图 5-27 所示。

 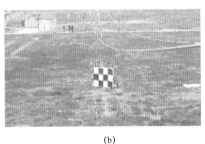

图 5-27 输电塔架下标定板示意图
（a）第 1 组；（b）第 2 组

但是在输电塔架标定试验中，使用标准棋盘格进行标定，由于大规模场景下使用的双目相机基线较长，棋盘格难以覆盖所有标定空间。并且由于相机分辨率有限，棋盘格距离相机较远时难以识别到角点，所以使用标准棋盘格难以完成大规模场景下的标定实验。

利用标定杆的标定方法是一种基于张正友标定法改进的标定算法，其利用标定杆代替黑白棋盘格来进行相机标定的运算。针对标定过程中存在的左右相机焦距不一致的问题，在张正友标定法的基础上设计了一种优化焦距差的标定杆标定算法。在进行标定图像采集时，把标定杆按照一定的排布顺序垂直放置于地面上，然后在标定杆上标记出固定刻度作为标定点，这样我们就可以利用几个特定位置的标定杆合成出一个标定平面，然后通过标定点的世界坐标和图片坐标的关系计算出相机的内外参数，从而完成标定。

图 5-28 为标定杆组成标定平面的原理图。其本质上还是利用张正友标定法的原理计算出相机的各个参数，但使用这种方法，可以克服棋盘格难以应用于大规模场景的缺点，扩大张正友标定法的标定范围，来满足大规模场景下相机标定的需求。基于标定杆的双目标定方法在输电塔架中的应用实例如图 5-29 所示。

3. 极线矫正

在理想双目相机模型中，使用内参数完全相同的左右相机，放置在同一基线的位置，并且左右相机光轴完全平行。在实际应用中，受到各种内外部因素的影响，双目相机难以做到内参数完全相同。两个相机的成像平面不可能存在完全处于同一个平面且行对准的情

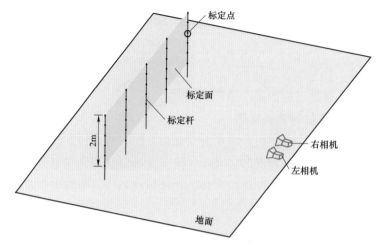

图 5-28 利用多根标定杆组成标定平面的原理图

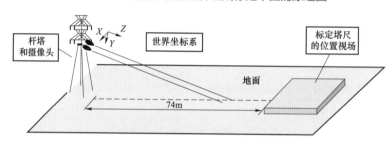

图 5-29 基于标定杆的双目标定方法在输电塔架中的应用实例

况。因此，需要对相机平面进行立体校正，即把实际中并不共面行对准的两张图像，校正成共面行对准。立体校正前，如图 5-30 所示。

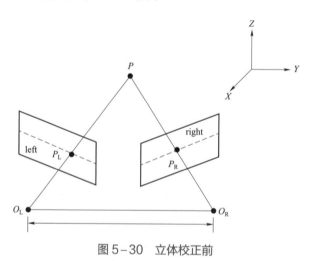

图 5-30 立体校正前

立体校正后，两个相机成像平面处于同一个平面内且 Z 轴互相平行，如图 5-31 所示。像点在左右图像上的高度一致，这也就是极线校正的目地。校正后图像匹配从搜索二维平面变成了一维平面，使得左右像点的匹配速度得到很大提升。

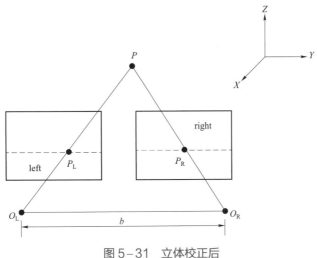

图 5-31 立体校正后

对图像的矫正过程主要包括：利用初始标定得到的相机内外参数计算出左右图像对应的单应性矩阵 $\boldsymbol{H}_L$、$\boldsymbol{H}_R$。

卷绕图像并修改相机投影矩阵。利用单应性矩阵卷绕图像，然后把相机投影矩阵修改为 $\boldsymbol{M}_L^* = \boldsymbol{H}_L \boldsymbol{M}_L$，$\boldsymbol{M}_R^* = \boldsymbol{H}_R \boldsymbol{M}_R$。利用单应性矩阵校准摄像机：

$$\begin{cases} \boldsymbol{M}_L^* = \boldsymbol{H}_L \boldsymbol{M}_L = \boldsymbol{H}_L \boldsymbol{K}_L \boldsymbol{R}_L \left[I - C_L \right] \\ \boldsymbol{M}_R^* = \boldsymbol{H}_R \boldsymbol{M}_R = \boldsymbol{H}_R \boldsymbol{K}_R \boldsymbol{R}_R \left[I - C_R \right] \end{cases} \tag{5-27}$$

式中：$\boldsymbol{K}_L$、$\boldsymbol{K}_R$ 分别为左右相机的内参数矩阵；$\boldsymbol{R}_L$、$\boldsymbol{R}_R$ 为相机旋转矩阵；C_L、C_R 为相机光心，I 是单位矩阵。设 e_L、e_R 为左右图的极点，l_L、l_R 为极线，u_L、u_R 为空间内的点在成像平面上的投影。设 $\boldsymbol{F}^*$ 为矫正后图像的基本矩阵且 $\lambda \neq 0$。使极线与两个图像中的行同时重合的必要条件是：

$$l_R^* = e_R^* \times u_R^* = \lambda \boldsymbol{F}^* u_L^* \tag{5-28}$$

$$[1,0,0]^T \times [u',v,1] = [1,0,0]^T \times [u+d,v,1]^T = \lambda F^* [u,v,1]^T \tag{5-29}$$

其中

$$\boldsymbol{F}^* = \begin{bmatrix} 0 & 0 & 0 \\ 0 & 0 & 1 \\ 0 & -1 & 0 \end{bmatrix} \tag{5-30}$$

矫正单应性矩阵并不是唯一的。为了选出最好的，进行如下推导。

（1）移动两图像中的极点到无穷远。设 $e_L = [e_1,e_2,1]^T$ 是左图中的极点且 $e_1^2 + e_2^2 \neq 0$。将极线 e_L 旋转到 u 轴上的同时，此极点映射到 $e^* \approx [1,0,0]^T$，相应的投影为：

$$\hat{H}_L \approx \begin{bmatrix} e_1 & e_2 & 0 \\ -e_2 & e_1 & 0 \\ -e_1 & -e_2 & e_1^2 + e_2^2 \end{bmatrix} \tag{5-31}$$

129

（2）统一极线。由于 $e_R^* \approx [1,0,0]^T$ 是 $\hat{F}$ 的左零也是右零空间，修改后的基本矩阵变为：

$$\hat{F} = \begin{bmatrix} 0 & 0 & 0 \\ 0 & \alpha & \beta \\ 0 & \gamma & \delta \end{bmatrix} \qquad (5-32)$$

选择基础矫正单应性 $\bar{H}_L$、$\bar{H}_R$，使 $\alpha = \delta = 0$ 且 $\beta = -\gamma$。

$$\bar{H}_L = H_S \hat{H}_L, \quad \bar{H}_R = \hat{H}_R, \quad \text{其中 } H_S = \begin{bmatrix} \alpha\delta - \beta\gamma & 0 & 0 \\ 0 & -\gamma & -\delta \\ 0 & \alpha & \beta \end{bmatrix} \qquad (5-33)$$

$$F^* = (\hat{H}_R)^{-T} F (H_S \hat{H}_L)^{-1} \qquad (5-34)$$

（3）选出一对最优的单应性矩阵。设 $\bar{H}_L$、$\bar{H}_R$ 为基础校正单应性矩阵，也是校正单应性矩阵，它们服从等式 $H_R F^* H_L^T = \lambda F^*, \lambda \neq 0$，使图像保持校正的状态。

进一步：

$$\begin{cases} H_L = \begin{bmatrix} l_1 & l_2 & l_3 \\ 0 & s & u_0 \\ 0 & q & 1 \end{bmatrix} \bar{H}_L \\[3mm] H_R = \begin{bmatrix} r_1 & r_2 & r_3 \\ 0 & s & u_0 \\ 0 & q & 1 \end{bmatrix} \bar{H}_R \end{cases} \qquad (5-35)$$

式中：$s \neq 0$ 为共同的垂直尺度；u_0 是共同的垂直偏移，l_1、r_1 是左和右的扭曲，l_2、r_2 是左和右的水平尺度，l_3、r_3 是左和右的水平偏移，而 q 是共同的投影失真。

在标定杆标定法中，通过调整标定图像的极线来提高标定精度。在标定杆标定算法中，对极线进行校正可以在一定程度上消除误差，能够提高标定精度，也能加快标定速度。图 5-32 是输电塔架极线校正后的示意图。

图 5-32 输电塔架极线校正示意图

（二）立体匹配

立体匹配是基于双目视觉的三维重建系统中的关键步骤之一。双目视觉立体匹配算法主要是利用图片中包含的一些特定信息来建立一个能量代价函数，通过此能量代价函数最小化来寻找左右视图的匹配点对，进而计算视差求得深度信息。一般根据是否使用全局优化手段将立体匹配算法分为局部立体匹配算法、全局立体匹配算法以及半全局立体匹配算法，但半全局立体匹配算法本质上也全局立体匹配算法一致。

Scharstein 等人给出重要结论：立体匹配主要由：匹配代价计算、代价聚合、视差计算和视差优化四个步骤组成，如图 5-33 所示。

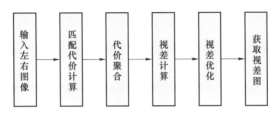

图 5-33　立体匹配过程

1. 局部立体匹配算法

在双目立体视觉三维重建系统中，一般应用局部立体匹配算法。局部立体匹配算法以左图中的某个特定像素为中心建立一个固定大小的窗口，然后基于图片中包含的某些信息为依据，在右图中遍历搜索相关程度最高的窗口，从而确定匹配点对。相较于基于全局的立体匹配算法来说，该算法具有模型更简单、运算速度快等优点，但一般精度较低，对于低纹理和视差不连续的区域更敏感。

图 5-34 所示为局部立体匹配算法的原理，在左图中以某个像素作为中心建立一个正方形的窗口，计算该窗口所包含的某些特定的信息的值；然后，在右图中对所有像素建立相同大小的窗口，计算每个窗口对应的信息值；将取值最接近的窗口对应的像素作为左图像素的对应像素，如图 5-35 所示，计算对应像素之间的坐标差值即为视差。

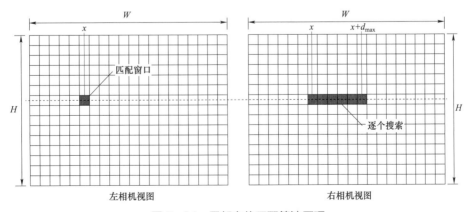

图 5-34　局部立体匹配算法原理

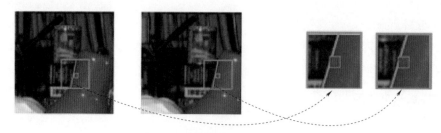

图 5-35　一组匹配图片中的对应像素示例

2. 全局立体匹配算法

Scharstein D 等人在文献中表明，与局部算法相比，全局算法在低纹理及遮挡区域匹配效果有优势，但计算复杂度高。由于解决全局代价函数优化问题是较复杂过程，全局匹配算法其实已经转化为求解全局能量函数最小化问题，本质是一个能够表达先验条件与视差约束条件的能量函数构造以及函数优化问题，所求的最终匹配视差值为全局最优。全局算法流程描述如图 5-36 所示。

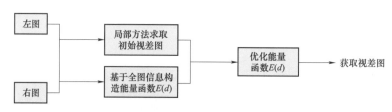

图 5-36　全局算法流程图

通常，全局能量函数包括数据项和平滑项，如式（5-36）所示，λ 是一个正的调节因子，用来调节数据项和平滑项的平衡关系。若将调节因子入设为 0（不考虑平滑项），则退化为局部算法。

$$E(d) = E_{\text{data}}(d) + \lambda E_{\text{smooth}}(d) \qquad (5-36)$$

在式（5-36）中，数据项遵循了光照一致性假设，记为 $E_{\text{data}}(d)=C^{A}(p, d_p)$，$C^{A}(p, d_p)$ 表示像素 p 在视差 d_p 下的代价聚合结果。

为了能更容易优化能量函数，期望量化平滑性约束，定义了平滑项 $E_{\text{smooth}}(d)$，用来约束待匹配像素点与其相邻像素点的视差关系，也是保证获取准确匹配结果的关键。其一般形式如式（5-37）所示

$$E_{\text{smooth}}(d) = \sum_{(p,q)\in N} S(d_p, d_q) \qquad (5-37)$$

式中：N 是左图像中全部相邻像素点的集合。

如果位于相邻位置的两个像素点视差值的差异越大，则 $E_{\text{smooth}}(d)$ 值越大；反之，则 $E_{\text{smooth}}(d)$ 值越小。由此可知，平滑约束是通过惩罚相邻位置的两个像素点视差值差异来实现的。

3. 立体匹配的约束条件

立体匹配的任务本质上就是一个逆向问题，即根据二维信息重构三维场景，是一个基

于一些约束条件的最优匹配问题，这些约束条件是根据对匹配环境所做的假设产生。许多逆向问题存在很多可行解，为了使得求解匹配问题可行，需要增加一些必要的约束条件，如图 5-37 所示。

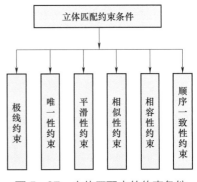

图 5-37　立体匹配中的约束条件

（1）极线约束。由对极几何约束可知，像平面上的一个点可确定位于其对应的极线上。由此可知，极线约束可以将匹配搜索范围由二维的平面约束降至一维直线上，减少了计算复杂度。

（2）唯一性约束。空间点的位置是唯一的，图像中的每个匹配基元最多只能有一个视差值，即"一对一关系"。

（3）平滑项约束。假设物体表面光滑变化，在连续并且无遮挡区域，物体的视差值变化几乎处处平滑，该假设成立。但在物体的边界部分，该条件不成立。

（4）相似性约束。对于真实空间中的事物而言，由同一点的投影生成左右图像上两个匹配点。由此可知，这两个点应具备非常接近的颜色相似性、灰度相似性等属性或者它们的分布比较相似。作为立体匹配重要约束条件，应调整相似性度量标准以适应不同的像素点特性。

（5）相容性约束。参考图像与目标图像应该具有相同属性，但针对不同的特征，具体内涵有所区别。

（6）顺序一致性约束。目标图像上像素点的相对位置应与参考图像上的像素点位置保持一致。顺序一致性约束降低了匹配基元在匹配时的歧义性概率。

（三）三维点云数据重建

空间中物体的三维数据包括高度、宽度和深度，相机在成像过程中不可避免地丢失了深度信息。如果想要恢复物体的形状等三维几何信息，需要求取物体表面上点的三维坐标值。这些物体表面点的三维信息组成的集合就是点云。而这些空间点的三维坐标值，可以用立体视觉原理对三维点坐标进行求解，即利用像素坐标系与世界坐标系之间存在的投影关系来计算。在立体匹配中可以获取深度图，深度图中包含场景中每个像素对应点的视差信息，所以根据视差原理来进行三维重建。

如图 5-38 所示，假设平行的双目相机在 x 轴方向上的平移距离为 b（即基线长度），O_1、O_2 分别为左右相机的中心，p 为待重建物体上的点，pO_1O_2 与两相机成像平面分别交于 p_1、p_2 点，则 p_1、p_2 点位于同一水平线上，即 l_1、l_2 共线。

假设左右相机 C_1、C_2 各自的坐标系为 $Q_1x_1y_1z_1$ 和 $Q_2x_2y_2z_2$，可以得到空间中点 p 的坐标在左相机 C_1 坐标系下为 (x_1, y_1, z_1)，在右相机 C_2 坐标系下为 (x_1-b, y_1, z_1)，根据中心摄影的比例可以得到：

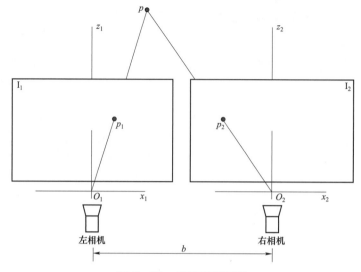

图5-38　三维重建原理

$$\begin{cases} u_1 - u_0 = a_x \dfrac{x_1}{z_1} \\[2ex] v_1 - v_0 = a_y \dfrac{y_1}{z_1} \end{cases}$$　　　　（5-38）

$$\begin{cases} u_2 - u_0 = a_x \dfrac{x_1 - b}{z_1} \\[2ex] v_2 - v_0 = a_y \dfrac{y_1}{z_1} \end{cases}$$　　　　（5-39）

式中：u_0、v_0、a_x、a_y 为两个摄像机的内参数，(u_1, v_1)、(u_2, v_2) 为 p 点在图像中的坐标。

联立上面两个方程可以得到 p 点的三维坐标：

$$\begin{cases} x_1 = \dfrac{b(u_1 - u_0)}{u_1 - u_2} \\[2ex] y_1 = \dfrac{ba_x(v_1 - v_0)}{a_y(u_1 - u_2)} \\[2ex] Z_1 = \dfrac{ba_x}{u_1 - u_2} \end{cases}$$　　　　（5-40）

四、在输电线路目标测距的应用

目前国内外基于近景的双目立体视觉在电力线巡线作业中的应用研究还相对较少，大部分对巡线距离量测工作是基于传统的测量方式或者技术要求较高的航空测量；而许多研究提出的巡线机器人等智能巡线系统虽然可以较好地掌控线路运行状态，但是对于空间距离探测方面基本上是个缺口，因此将双目系统应用于电力线巡检工作是传统巡线方式与摄影测量学科的结合。

目前，基于航测遥感、激光扫描等的电力巡线系统仍然处于初级阶段，其成本投入较高，系统稳定性和可靠性缺乏大量实践工作的支撑，所以传统的人工巡线仍然是许多电力公司的主要巡检方式。

机载传感器的各种巡线方法都主要利用了图像数据处理方法和摄影测量与遥感的空间理论，受此启发，如果能建立一套地面的非接触式较高精度测量系统，并且能够低成本投入和快速作业，那么将具有相当高的实用价值和参考价值。

将双目立体视觉应用于电力巡线是对传统巡线方式的一种提升和完善，可以使巡线人员进行非接触式的距离探测与判别，提高了线路巡检的效率和质量。同时双目系统应用于电力线巡检工作也对传统巡线模式的改进提出了一些启发。双目系统可以记录线路状况，可以通过对双目软件系统的完善提供记录和描述非量测巡检信息的功能，甚至可以将GPS、线路 GIS 系统与双目系统相互嵌合，完成对目前传统巡检方式与半智能巡检方式的全新组合。

1. 基于改进标定杆的标定在输电塔架的应用

利用特高压工程技术（昆明）国家工程实验室的真型塔，图像采集设备为 2 台智能球机，型号为 DS—2DE4220IW—D，焦距范围为 4.7～94mm，16 倍数码变焦。球机云台可360°水平旋转，90°垂直旋转，且支持预置位功能。2 个相机架设在杆塔上，塔型为 DJ—300 终端塔。采用无线（WiFi）传输图像数据，实验时通过相机云台设置预置位、调焦、截取图片和视频等操作流程，记录图像数据。

图 5-39 是对杆塔测距的各物件位置示意图，图 5-40 是用于标定的标定杆示意图。在架空线路通道中，用 1 个塔尺作为标定杆。

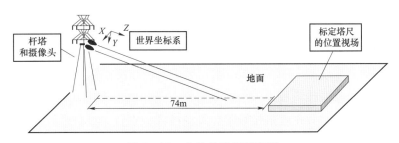

图 5-39　各物件位置示意图

(a)　　　　　　　　　　　　(b)

图 5-40　标定杆示意图

（a）标定杆；（b）左相机标定图例

标定杆的 25 个摆放位置编号为 a1～e5,形成 1 个在空间上 1200m³ 的标定范围,每个位置杆上提取的 4 个标定点形成了 6 个标定平面,其中 5 个是横向、1 个是纵向,如图 5–41 所示。实验证明,该方法可使标定点分布范围大大增加。

根据提取的标定点对双目系统进行标定,外参数结果如图 5–42 所示。图中,每 5 个标定杆组成标定平面。

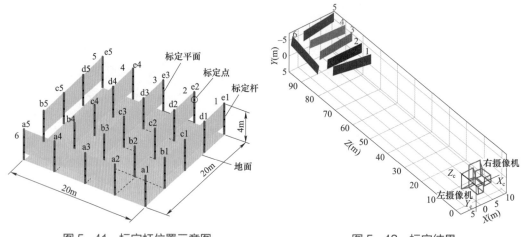

图 5–41　标定杆位置示意图　　　　　图 5–42　标定结果

对校正前后的效果进行对比分析,结果如图 5–43 所示。其中,图 5–43(a)未采用焦距校正算法,图 5–43(b)采用了焦距校正算法。以 25 组标定点作为测量对象,每组数据中垂直于地面的 4 个"■"为真实的标定点位置,"●"为测量数据。显然,经过焦距校正,每组测量数据整体上更接近于真实值。

2. 基于 SGC 立体匹配算法的复杂背景下无人机巡检输电线路提取

目前,国内外学者对于输电线路巡检图像诊断做了大量研究,但大多都是针对传统的输电线路二维图像,开展不同的图像处理算法研究,旨在提高输电线路缺陷识别的效率和准确率。由于无人机巡检输电线路图像背景极其复杂,包括山川、河流、道路、树木、农田及建筑等。这些复杂的背景直接影响了传统的图像识别效果。如果能够将无人机巡检图片中前景的输电线路和复杂背景区分开来,将大大提高输电线路的缺陷识别准确率。

双目视觉及深度成像是实现上述需求的有效途径,即无人机搭载双目成像装置,获取输电线路的双目图像,采用立体匹配算法,获取图像中各个目标的深度信息,基于深度信息可分离前景输电线与复杂背景。

在立体匹配方法研究方面,绝对误差和算法(sum of absolute differences,SAD)用于图像块匹配,将每个像素对应数值之差的绝对值求和,用以评估两个图像块的相似度。该算法快速但并不精确,常用于多级处理的初步筛选。GC 立体匹配算法通过构建能量函数、网格图、能量函数最小化,最终得到视差图。该算法的效果较好,但速度最慢,能够有效克服全局匹配算法存在的缺点。将 SAD 算法和 GC 算法结合起来,SGC(SAD+GC)

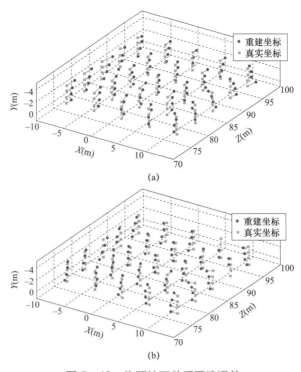

图 5-43　焦距校正前后重建误差

(a) 焦距校正前误差；(b) 焦距校正后误差

立体匹配算法可发挥 SAD 时间上的优势与 GC 算法匹配精度上的优点，可用于输电线路图像立体匹配研究。

针对无人机巡检复杂背景输电线路图像识别的难题，采用 SGC 立体匹配算法与阈值分割算法对输电线双目图像进行处理。其中，SGC 立体匹配算法获取输电线图像有效视差图，采用阈值分割算法对视差图进行分割，将复杂背景剔除以获得纯净的输电线。SGC 立体匹配算法流程如图 5-44 所示。

为了检测 SGC 立体匹配算法应用于实际输电线路的效果，将无人机搭载双目相机所获得的左右图像对进行立体匹配算法处理。根据视差图的成像原理可知，在 1 幅图像中，距离双目相机位置越近的物体其视差就会越大，则该物体在视差图对应的灰度值就越大，即亮度越亮。实际的无人机巡检是将双目相机搭载在无人机上对输电线路进行俯拍巡检。由此关系，需要提取的输电线路目标信息距离拍摄位置距离最近。

在室外进行了模拟输电线路巡检的试验，用三脚架支撑双目相机进行俯拍，在单根铝绞线的线下放置了一些物体，在平地上使用了树枝和汽车模型等模拟路上的输电线路下的情况。使用立体匹配算法对采集到的实际输电线路进行处理，处理结果如图 5-45 所示。

通过试验结果对比明显可以看出，SGC 算法优于其他两种算法。在模拟的试验环境下，通过得到的输电线路视差图，可以看到离相机不同距离的物体有不同的视差值。根据得到的视差值大小将这些物体进行识别，可以将输电线路和下面的物体很好地分割开，从而剔

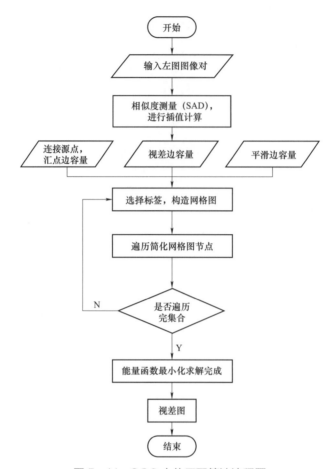

图 5-44　SGC 立体匹配算法流程图

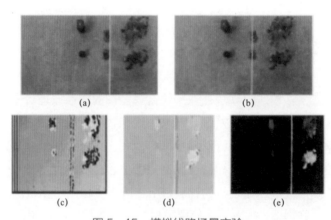

图 5-45　模拟线路场景实验

（a）左图像；（b）右图像；（c）SAD 算法；（d）GC 算法；（e）SGC 算法

除下面的背景，只留下距离相机最近的模拟输电线路，模拟试验证明该方法可行。

使用无人机搭载双目相机对农田等实际环境中的输电线路进行俯拍，同样使用 3 种立体匹配算法对拍摄到的左右图像对进行处理，结果如图 5-46 所示。

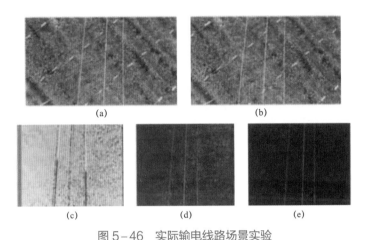

图 5-46　实际输电线路场景实验

（a）左图像；（b）右图像；（c）SAD 算法；（d）GC 算法；（e）SGC 算法

从图 5-46 中可以看到在实际的输电线路拍摄中，SGC 算法可以得到更好的视差图，输电线路的边缘很明显，并且与背景之间的灰度值存在差异，可以很好地抑制复杂背景的影响，可将复杂背景与其很好地分离开。在得到输电线路的视差图之后，对输电线路的视差图进行图像分割，并提取单纯的输电线路目标。

综上所述，SGC 立体匹配算法结合了 SAD 与 GC 算法的优点，保证匹配精度，获得了效果良好的视差图，同时也提高了输电线路图像立体匹配的处理速度。可见，立体匹配也可应用于输电线路，起到在复杂环境中提取输电线路图像的作用。将巡检图片中前景的输电线路和复杂背景区分开来，大大提高输电线路的缺陷识别准确率。

3. 基于双目视觉监控的输电线路立体空间建模

随着计算机图像处理技术的发展，基于计算机自动识别的机器视觉技术在电力系统检测中得到了广泛的应用。利用视频监控对导线覆冰、舞动、弧垂变化和超高树木等进行识别与分析，这种方法可以在识别物体入侵应用中起到较好的作用，但同时这种方法会因雨滴或灰尘而引起误判。原因是在传统的单目机器视觉技术中，光信息被采集为二维图像时会损失场景中的深度信息，因此无法准确判断物体距离，使机器视觉的检测结果受到相机拍摄位置和角度的影响，从而容易造成监控系统误判。所以，获得架空输电线路通道中检测物的深度信息，可有效减少误报、漏报的概率。

通过建立输电线路通道立体空间点的三维坐标数据库，采用数据库检索的方式快速对物体入侵进行判断。该方法不仅可以解决输电线路平面监控因缺少深度信息误报的问题，并且通过建立空间点三维坐标数据库可以有效提高检测速度。

验证实验按 300m 输电线路 1:100 的比例设计，实验环境与装置如图 5-47 所示。利用左右两边的三脚架模拟输电线路铁塔（相距约 3m），两端悬挂导线模拟输电导线。双目系统由两台工业相机组成，配以 6mm 定焦镜头，安装在三脚架 1 的云台上。图像以曝光时长 30ms、增益 1.25 进行采集，自然光环境拍摄，无辅助光源。

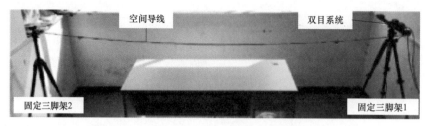

图 5-47　实验环境与装置

实验首先利用双目系统对标定板进行拍摄，采集 14 张标定板的成像图片对。图像数据通过 Matlab 软件自带的标定程序 stereo Camera Calibrator 进行标定，获得双目系统的内外参数。标定后对采集的 14 组标定板进行三维重建，如图 5-48 所示。双目系统重建后的三维坐标系以左相机的光心为原点，水平轴为 x 轴，向右为正；垂直轴为 y 轴，向下为正；z 轴为深度轴，以相机正对方向为正。

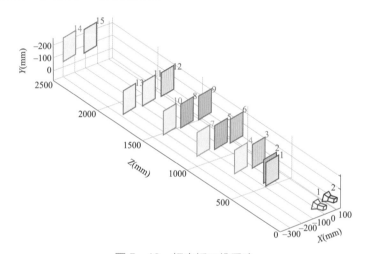

图 5-48　标定板三维重建

利用标定的双目系统参数对左右视图进行畸变校正与极线修正，使采集后的左右视图的匹配点处于同一水平面。如图 5-49 所示，修正后左右视图中匹配点（导线上的圆点表示）处于同一水平极线（白色水平直线表示）上。导线上圆点为导线中心线与极线的交点，以导线中心线与极线的交点作为左右视图中导线的匹配点。

图 5-49　修正后左右视图通过极线格栅匹配导线点

根据导线匹配点重建的三维坐标在三维空间中的显示如图 5-50 所示，重建导线坐标点以空心圆表示。由图中可知，重建后的 Z 坐标的范围为 300～3000mm，与实验中两个三脚架间的距离相似。

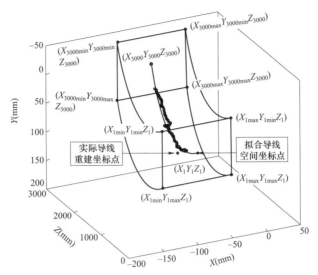

图 5-50 三维重建匹配点、空间导线与立体空间模型

为了检验所建立的立体空间数据库，以图 5-50 中导线上的夹子作为检测物进行空间位置三维重建与入侵判定。以夹子最低点为其特征点进行匹配与三维重建，重建后三维坐标为 $(X_{\mathrm{m}}, Y_{\mathrm{m}}, Z_{\mathrm{m}}) = (-107.31, 81.49, 297.34)$，由图 5-50 判断此特征点三维坐标在空间数据范围内，所以夹子入侵了导线的安全。

为了解决输电线路监控中单目视觉缺少深度信息和双目视觉实时性低的问题，提出了一种基于双目视觉检测的优化方案。方案把传统双目视觉检测流程中监控阶段大量的计算量前移至准备阶段，建立输电线路立体空间模型。实验通过对导线坐标点三维重建、空间函数拟合和平面保护区域计算，建立了立体空间监控数据库。最后利用数据库检索对检测物进行入侵判断，识别出被测物所在空间位置属于在监控区域内。该方法可有效对输电线路空间进行建模与检测。

第六章

输电线路巡检中气象灾害预警技术

针对日益频繁的气象灾害对输电线路及通道安全运行的影响，如何从被动抢险转换为主动防御，从事后分析到事前预测，是电力行业面临的技术瓶颈。输电线路气象灾害预警技术是在引入气象行业实时监测数据的基础上，分析研究电力气象灾害及致灾主要气象影响因子，并考虑局地地理特征对灾害的反馈效应，对电力气象灾害的风险监测及设备运行风险的评估；借助天气预报模式系统资料，对电力气象灾害的监测、风险评估、预报和预警进行全方位管控，提升电网设备防灾抗灾的针对性，为应急响应和决策提供技术支撑。本章主要介绍了雷电、覆冰、山火、台风和地质灾害五个方面的监测预警技术。

第一节 雷电监测预警技术

一、雷电预警系统

雷电预警系统是一套基于预警装置网络的具有大气静电场测量、雷电多维综合监测、气象监测、雷电运动趋势预测、雷电活动强度预测等功能的广域监测预警系统。该系统对于一段时间内极可能遭受雷击的重要设备（输电线路、变电站、牵引供电网、机场、储油罐、弹药库等）发出警报，提示调度、运维、检修人员重点关注设备的运行状态，提前做好灾害预案，采取必要措施以避免雷击事故发生，缩短各类灾害事故发生后的应急处理时间。

系统结构示意图如图 6-1 所示，系统融合卫星云图、雷电定位数据、雷达回波数据及预警装置，实现针对 10~20km 半径范围的雷电监测预警，其预警准确率可达 70%以上。该系统可实现对大气静电场、雷电活动、气象信息等综合监测，实现雷电发展所产生的电磁波、声音、电场、光等多纬度的综合监测；可实现 5~15min 高精度雷电发生区域的预警，15~30min 常规精度雷电发生区域预警，以及 30min 以上的长时间广域雷电预报功能。

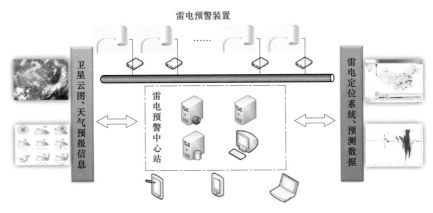

图 6-1 雷电预警系统结构示意图

二、雷击预报

相关科研成果表明，雷击天气出现在强对流天气系统中。常用的雷击预报方法有以下几种：

（1）常规天气预报方法，它是天气学方法和预报员经验的结合；

（2）动力方法，即运用模式系统预测雷电，首先要研究开发中小尺度动力模式系统；

（3）闪电定位仪方法，它是利用闪电定位仪实时监测资料，应用雷电发生发展理论和空中引导气流方法对闪电的未来强度做出预报；

（4）利用卫星云图进行对流性天气预报，根据卫星云图上对流云团的动态演变图，预报雷电天气的发生；

（5）利用雷达回波预报雷击天气，它是以回波特征的判断作为依据来预报雷击天气的产生。

这些方法用于雷电预警都有其优势和不足，闪电监测的实时性好，但预警提前时间有限，并且地闪定位资料相对来说比较离散；雷达资料的时空分辨率都比较好，但只有在降水粒子形成之后才会有较强的回波，提前预警时间同样有限；卫星资料的空间尺度很大，可达上千千米，但目前能够得到的卫星资料的时空分辨率较粗，在雷击临近预警中的作用还有限；不同地区雷电活动的特征是不一样的，预报人员的经验在雷击预报中的作用也不容忽视。因此，通过诊断分析雷击历史资料，针对本地观测资料，采用多种资料综合使用，取长补短，才能够提高雷击预警的准确性。

雷电灾害预警应当从雷电发生的环境条件出发，统计大量雷暴案例，使用天气学统计方法，选取反映雷暴发生发展的环境对流参数，结合预报员经验，选取合适的雷击预报因子。以湖北为例，通过对湖北省雷暴历史案例的统计，得出短期潜势预报中与雷电关系密切的气象因子分别是：与水汽相关的露点温度为 925、850、700hPa，与动力抬升相关的

700、850、925hPa 温度平流和涡度，与不稳定有关的 A、K、TT、SI、T850～500、LI、θ_{se850} 等 19 要素。在 0～1h 的临近预报中，考虑运用图形识别技术开发闪电区域识别方法，跟踪雷暴单体，结合环境场信息和闪电定位仪资料，提取反映闪电机制的雷达特征量，研究雷击预警因子，建立未来 1h 雷击有无预报。在 1h 临近预报中初步选定的雷击预警因子包括组合反射率、回波顶高和垂直积分液态含水量等。通过计算未来 12h 和临近 1h 输电线路发生雷击的区域，对于这些区域的线路发出灾害预警信息，同时对可能发生雷击的线路段以高亮方式展示。

1. 10～6h 短期雷击潜势预报

雷击潜势预报流程如图 6-2 所示。

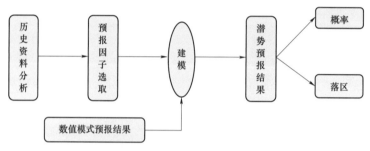

图 6-2 雷击潜势预报流程图

利用美国气象环境预报中心（national centers for environmental prediction，NCEP）数值预报输出的上一日 20 时起报的 24h 预报产品（MICAPS）第 3 类、4 类数据格式和当日 08 时起报的 24h 预报产品（MICAPS 第 3 类、4 类数据格式），选取呈显著相关的 10 个物理量作为预报因子，以闪电定位仪监测到的闪电频数为预报对象，在历史雷暴样本的前提下使用数学统计方法使二者之间建立统计关系，建立概率预报方程。

使用实时 NCEP 预报场资料，利用上述雷击潜势预报方程计算，每日 08 时、20 时滚动预报未来 24h（6h 间隔）雷击潜势预报产品，08 时（前一日 20 时 NCEP 起报资料）提供当日 08～14 时、14～20 时、20 时～次日 02 时、次日 02～08 时预报产品，20 时（当日 08 时 NCEP 起报资料）提供当日 20 时～次日 02 时、次日 02～08 时、次日 08～14 时、次日 14～20 时预报产品，全天无缝隙滚动预报，产品以 MICAPS 第 3 类数据格式显示，0.1、0.2、0.3、…、1 表示雷击出现的概率，预警时效可提前 6h 左右。

2. 0～1h 雷击短时临近预报

在确定雷暴落区（0～6h 预报结果）的基础上，获取区域气象雷达逐 6min 更新的实时监测气象信息（新一代多普勒天气雷达拼图，实时从武汉中心气象台获取），综合闪电定位仪等资料，使用图形识别技术（TREC 风场外推）对临近 1h 可能发生雷击的输电线路（显示为 MICAPS 第 4 类数据格式）重点监测，对于这些区域的线路发出灾害预警信息，输出产品为 MICAPS 第 4 类数据格式，详见图 6-3。

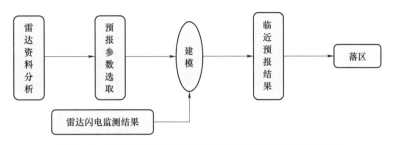

图 6-3　基于雷达和闪电定位仪的雷击临近预报流程图

第二节　覆冰预测预警技术

利用天气形势分析、预报结果应用、覆冰模型计算和输出结果订正相结合的方法，实现对覆冰状况的判断和预报。

特定天气形势的配置对覆冰的出现可以起到预判的作用，通过对大范围雨雪冰冻灾害的分析，发现以下 5 种天气形势特征极易导致覆冰灾害的出现：① 大气环流持续异常，中高纬阻塞高压长时间位于西西伯利亚，副热带高压偏西偏北；② 环流系统较为深厚；③ 西风带南支槽稳定维持且十分活跃，将大量水汽输送至我国南方地区；④ 一条准静止锋长期稳定维持于长江流域；⑤ 上空存在逆温层。

覆冰模型是通过大量覆冰观测数据统计得到的物理模型，能够较好地反映覆冰的发生和增长过程。

输出结果订正则是利用冻雨出现的边界层特征和覆冰出现的气象要素阈值对预报结果进行订正，尽量减少错误估计覆冰出现的情况。

一、冷高压影响范围的预报

对不同格点区域的气压和气温变化进行分析，当出现区域性增压和降温明显出现时，即认为冷高压开始影响我国。对比该区域气压大小，得到冷高压中心的经纬度，并实时对其进行预报，给出冷高压中心的移动路径，预估其影响湖北的时间。

选用 EC 细网格资料中的气压数据，采用相减的方法（03 点的变压为 03 的预报值减去 00 的初始值；06 点的变压为 06 的预报值减去 03 的预报值，以此类推）来判断各个格点处 3h 变压（2hPa 以上）；选用地面气温资料，与气压一样采用相减的方法，不过计算的是 24h 变温。当 3h 变压大于 2hPa，24h 变温小于 −5℃时，认为受冷高压影响。

二、覆冰过程预报

对覆冰是否出现和冰厚大小的预报主要通过两种预报方案，一种预报时效为 12～72h，时间步长为 3h，每 12h 更新一次预报结果；另一种预报时效为 0～12h，时间步长为 3h，每 6h 更新一次预报结果，更新频次的增加能够有效提高 0～12h 预报时效相应结果的准确率。同时，分别利用模式预报数据和气象站监测数据，结合覆冰模型对覆冰可能出现区域及冰厚的大小进行判断，直至冷空气完全消散。

当平均气温大于 3℃时，格点的冰厚取值为 0cm；平均气温小于 0℃时，则覆冰可能出现，且各个时刻中，相应格点计算得到的冰厚要进行累加。不过一旦出现气温大于 3℃，则该格点的冰厚归 0。当日 08:00 开始预报今后 72h 的覆冰情况所使用的是前一天 20:00 的初始场。模型中前一天是指前 2 天 20:00 的 8 个数值进行比较（得到最大或者最小值）；前两天是指前 3 天 20:00 的 8 个数值进行比较（得到最大或者最小值）；当天是指前 1 天 20:00 的 8 个数值进行比较（得到最大或者最小值）。如果没有比较的情况，例如当天的水汽压，则直接用对应时间预报的露点温度来进行计算。

获得覆冰预报结果后需要利用冻雨出现的边界层特征和气象要素阈值进行预报数据的筛选，对于不符合覆冰出现条件的地区，需要将覆冰厚度预估结果订正为 0。

三、覆冰过程预测模型

在建模过程中，采集线路覆冰状态相对正常的多变量时间序列数据（环境温度、湿度、风速、风向、气压和日照强度），并对数据进行预处理（去除异常点、滤波、归一化等），构成建模数据集矩阵 $X(x_1,\cdots,x_n)\in \mathbf{R}^{D\times n}$，利用降维方法获得原始数据的低维投影 $Y=[y_1,\cdots,y_n]\in \mathbf{R}^{d\times n}$，数据的建模空间和残差空间存在以下关系：

$$X = \hat{X} + \tilde{X} = BY + E$$
$$Y = A^T X = (B^T B)^{-1} B^T X \qquad (6-1)$$
$$E = X - BY$$

其中，数据的转换矩阵：$A^T = (B^T B)^{-1} B^T \in \mathbf{R}^{d\times D}$，$\hat{X}$ 为建模空间，$\tilde{X}$ 为残差空间，E 为残差矩阵。

对于新采集的线路覆冰测量数据 x_{new}，预处理后将其投影到建模空间和残差空间：

$$x_{new} = \hat{x}_{new} + \tilde{x}_{new}$$
$$= By_{new} + (x_{new} - By_{new}) \qquad (6-2)$$
$$= By_{new} + [I - B(B^T B)^{-1}B]x_{new}$$

引入平方预测误差（squared prediction error，SPE）统计量作为模型的输出，根据 $\hat{x}_{new} = By_{new}$，SPE 统计量可以根据式（6-3）进行计算：

$$SPE = \|x_{new} - \hat{x}_{new}\|^2 = \|\tilde{x}_{new}\|^2$$
$$= \|I - B(B^T B)^{-1}Bx_{new}\|^2 \leqslant g \cdot x_{h,\alpha}^2 \qquad (6-3)$$

SPE 统计量服从 x^2 分布，g 和 h 都是 x^2 分布的参数，假设 p 是训练样本 SPE 统计量的均值，q 为其方差，则 $g = q/2p$，$h = 2p^2/q$。

输电线路覆冰过程预警流程如图 6-4 所示。使用处理完成的正常状态微气象数据进行建模并获得统计限，对需要进行预测的数据进行降维并计算 SPE 统计量，并与统计限进

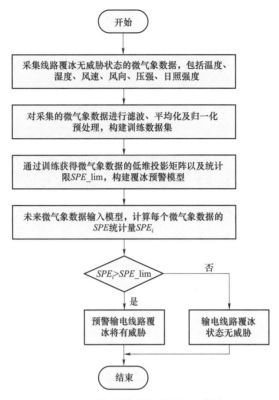

图 6-4 输电线路覆冰过程预警流程

行比较，判断统计量是否超过其统计限，从而判断线路覆冰状态是否正常。如果超过统计限，表示线路覆冰状态有异常，未超过表示线路覆冰状态正常。

第三节 舞动预测预警技术

输电线路舞动是输电线路由于偏心覆冰改变了导线截面特性，在风激励下产生的一种低频、大振幅自激振动。输电线路舞动是在气象条件、地形作用和线路自身物理属性共同作用下形成的一种组合灾害。

舞动的发生不仅与气象条件有关，而且与地形的影响和线路自身属性有关，因此，实现针对覆冰舞动预警也要从这几个方面入手，在对现有数据统计分析的基础上，得到能够反映覆冰舞动发生的概率性分析数据。

一、舞动预警原理

导致覆冰舞动灾害发生的最直接因素是气象条件，当有合适的气象条件时，配合局部的特殊地形，容易导致覆冰舞动灾害的发生，所以模拟覆冰舞动灾害的空间分布需要从以下两个方面着手：① 不同区域的气象条件分布特征；② 不同地区的地形地貌分布特征。在这两组基础数据的支持下，配合覆冰舞动发生的天气背景，可以反演出特定区域的气象条件是否符合覆冰舞动发生的天气背景，而该地区的地形地貌特征是否对其具有衰减或者加强的反馈作用。

例如，研究湖北舞动气象条件时，通过气象反演可得出：在当日最大风速所对应的风向为北风风向的基础上，日最低气温区间为−4～1℃，日平均相对湿度≥70%，日最大风速区间为 5.8～13.7m/s，输电线路具备发生舞动的可能性。

通过对湖北省舞动资料的分析，可以得到影响舞动的主要地形因子是地形起伏度。地形起伏度的定义是在选定的区域范围内（即其计算半径），最高点海拔与最低点海拔的数值差，它是描述一个区域地形特征的宏观性指标，地形起伏度越小，表示该区域地形越平坦，反之则表示越不平坦。通过对湖北舞动个例的研究，发现地形起伏度的计算半径在 2000m 左右代表性较好。

二、舞动灾害监测系统

基于电力物联网的舞动灾害监测系统的工作原理如图 6−5 所示。舞动灾害监测系统的关键技术与核心功能包括智能传感技术、云技术、大数据分析功能、人工智能运算功能和样本数据库等。智能传感技术主要是以新型小微智能芯片实现多信息、多数据、多参量的采集与无线传输，并且具有体积小、耗能低、造价低等优势。云技术主要是通过云平台实现输电线路运行数据、气象数据、历史灾害数据等大数据的集中存储、分析与处理，为人工智能模块提供完整、全面、正确的信息。人工智能模块是整套舞动灾害监测系统的功能核心，主要通过建立舞动样本数据库与舞动模型完成图像识别、舞动趋势预测、舞动灾害动态演示以及应急措施推演等功能。同时，通过机器学习不断完善和更新舞动样本库，

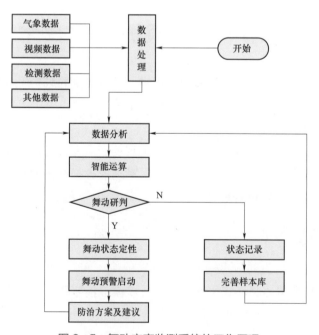

图 6−5 舞动灾害监测系统的工作原理

从而提高舞动预判和灾害预警的准确性。

三、覆冰舞动预警方法

舞动风险预警结果的计算共需经过两个流程：① 基于气象要素预报场的趋势性风险计算；② 经过局地地形要素订正后的精细化预报结果。

1. 基于气象要素预报场的趋势性风险计算

趋势性风险是指较大范围内某种风险发生的可能性，其空间尺度较粗，其优势是计算分析所需时间较短，可以较快地对结果进行预览，覆冰舞动的预警所需的第一层次计算分析就是趋势性风险计算分析。

首先通过获取不同时次的预报场资料，读取相应的格点要素数值，建立与覆冰舞动风险分析模型相关的气象要素预报场数据矩阵。根据气象要素场的更新频率和时间步长，该计算每天进行两次计算分析，分别是每天的 08 时和 20 时，气象要素场的时间步长间隔分别是预报到达时刻后的 3h、6h、12h、24h、48h 和 72h。在读取相应时次的预报场数据后，根据要素阈值区间，判断每一个预报格点的要素是否符合阈值区间的范围，若均在上述区间范围内，则该点输出为有覆冰舞动风险，该格点数值标记为 1；若无覆冰舞动风险，则该格点标记为 0。通过对每一个预报格点的数据进行循环，便可以得到该时次所有预报网格点的舞动风险趋势分析数据。

2. 局地地形要素订正后的精细化预报结果

在上述趋势性风险计算分析数据的基础上，对其进行平面插值，插值的空间精度与地形订正所需的精度相一致（譬如地形精度为 100m 格网，则趋势性风险分析数据也插值为 100m 的格网精度），以保证两者在计算分析判断时保持较高的计算效率。

在完成上述数据计算分析的基础上，对局部地形进行订正分析计算，并对每个格点的计算结果进行标识，最终得到经过地形订正后的覆冰舞动风险等级预报结果。将预报结果与输电线路所在位置进行缓冲分析，即可提取出具有覆冰舞动风险的输电线路。

第四节 山火监测预警技术

一、输电线路走廊山火监测技术

1. 林火判定计算技术

检测火险范围是否和输电地理信息（GIS）数据库线路走廊缓冲区出现重叠，如果出现了重叠情况，系统运行后台需要结合火源经纬度数据和火险发生的具体位置及其杆塔号，同时启动火险发生具体位置处的视频设备的录像功能，将火险信息发送给线路管理人员；线路管理人员可以结合系统信息、观看录像视频、查看遥感信息和气象信息、山火蔓延走向分析图，制定合理的山火扑救方案，以便在最短时间内扑灭山火。这样可以为山火扑救工作的进行提供更多技术支持，不但有利于山火扑救工作的高质量、高效率进行，还能够减少山火造成的财产损失和人员伤亡。

2. 视频及智能传感技术

结合监测地区输电线路分布规律、输电线路走廊环境、输电线路走廊运行情况，系统可以通过视频解压缩技术、智能传感技术、无线通信技术、太阳能供电技术，在山火多发区、山火易发区的输电线路杆塔设置防山火监测预警终端设备，对输电线路走廊山火监测重点区域进行实时监测。防山火监测预警终端设备主要由火焰传感器、烟雾传感器、温度传感器、气象传感器、全方位监控摄像机组成。该设备的电力来源是太阳能，通过 5G+WiFi 来实现数据传输和视频传输，做到对火灾地点的远程监控。

二、山火监测与智能识别预警系统

山火监测与智能识别预警系统使用山火探测仪进行山火探测，使用山火智能处理单元进行山火识别和报警。山火监测与智能识别预警工作流程如图 6-6 所示。

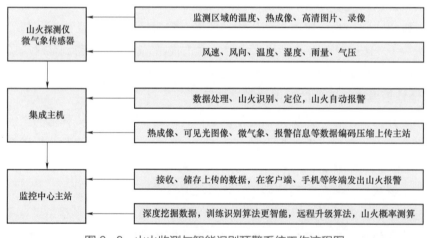

图 6-6　山火监测与智能识别预警系统工作流程图

山火探测仪集成远红外热像仪、高清可见光一体摄像机，二者同步联动，同景监测同一个方向的山火火情。山火探测仪可以全天候监测半径 2、5、10km 的现场，能够分别探测识别 2km 范围内 1m^2 的着火区域、5km 范围内 4m^2 的着火区域以及 10km 范围内 16m^2 的着火区域。

山火探测仪开始运行后，远红外热像仪采集的包含环境温度数据的热成像和高清可见光一体摄像机采集的高清可见光图像，通过传输线缆传输到山火智能处理单元。处理单元对采集的原始数据进行标准化处理，山火识别算法对处理后的数据从温度、温度变化到运动轨迹、形状等方面进行判别，结合山火专家数据库，识别山火火情。山火探测仪支持监控中心远程实时高清视频浏览，可采集山火区域高清图片、视频以及可见光/红外光图像，将其存储在监测分机本地并上传监控中心主站。监控中心主站可对存储的山火监测数据、微气象数据进行深度数据挖掘，深入学习山火发展全过程的特征，训练山火智能识别算法，使识别算法更高效、更准确地识别山火；可以及时对监测分机进行软件升级；其分析软件可根据监测点采集的图像、微气象数据，预测各监测点的山火发生概率，提前预警。

三、山火识别与图像增强技术

由于红外图像的背景比较高，反差比较低，所以与背景辐射相比，目标占用的动态范围比较小。而输电线路的山火监测距离一般都比较远，地形又比较复杂，火点的覆盖面积也比较小，所以采集到的图像会清晰度会比较差。因此，需要采用图像增强技术对图像进行处理，以提高图像信号的温度对比度，从而使山火预警监测系统能够在红外环境中感应到比较细微的温差变化。此处介绍红外图像细节增强算法，原始图像经过中值滤波去噪后得到 DE_no 后再由 5×5 均值滤波得到低频图像 Low，如式（6-4）所示

$$Low(i,j) = \frac{1}{25} \sum_{m=i-2}^{m=i+2} \sum_{n=j-2}^{n=j+2} De\_no(m,n) \tag{6-4}$$

则细节图像 Det 可由 De_no 减去部分低频图像得到

$$Det(i,j) = De\_no(i,j) - W \times Low(i,j) \tag{6-5}$$

De_no 由低频图像和高频图像构成

$$De\_no(i,j) = Low(i,j) + High(i,j) \tag{6-6}$$

由式（6-5）和式（6-6）得

$$Det(i,j) = High(i,j) + (1-W)Low(i,j) \tag{6-7}$$

式（6-5）～式（6-7）中 W 为权重，用来控制低频图像的比例。Low 比例越小，背景信息越易丢失；Low 比例越大，细节增强越不明显，在实际应用中更具需要进行选择。

1. 山火定位

山火的准确定位对山火的防治具有重大意义。山火监测与智能识别预警系统监测分机通过两个步骤完成对火源的精确定位。首先，监测分机通过集成的 GPS 模块接收卫星信号，计算出其所处的经度和纬度，获取监测点的精确定位。然后，监测分机通过激光测距装置，获取与山火发生点间的精确距离，同时结合发现火情云台的转动角，计算出山火发生点的精确位置（距离、方位角）。监测分机将山火发生地点和杆塔位置的详细信息传回主站系统，由管理分析系统的电子地图模块实时进行标注，并将所采集的微气象数据与山火专家数据库进行比对，预测山火蔓延的趋势。监测分机用于收集山火现场的红外热成像和可见光图像，高清一体摄像机用于采集现场的高清视频，配合管理分析系统的全景拼图显示功能，便于监控中心运维人员实时全方位浏览监测点环境，使山火定位更为立体和直观。

2. 山火报警

山火监测与智能识别预警系统对火情的处理、判别和报警都在前端监测分机完成，具有很高的实时性。山火报警发生后，监测分机自动启动现场声光报警器，进行现场火情报

警，同时将报警信息和采集的可见光、红外光图像传输到监控中心。监控中心接到报警信息，以弹窗、闪烁等形式在软件客户端报警，同时将报警信息和现场图像发送到相关人员的手机。系统可根据山火距离线路的远近、微气象数据、用户操作历史等对山火实现分级报警，可以手动划定监测区域，自动屏蔽非山火物体，有效消除由工厂、烟囱、农家、路灯、车辆等热源引起的虚警。系统记录学习并深度分析用户的屏蔽操作特征，将其引入山火智能识别算法中，从源头解决误报、虚警，提升山火报警的准确性和智能化水平。系统具有山火提前预警功能，可根据监测数据及山火专家数据库，利用大数据分析技术，计算出每个监测点发生山火的概率。当山火发生概率达到预设的阈值时，系统自动发出山火预报警。

第五节 台风监测预警技术

一、台风监测预警技术简介

随着全球气候逐渐变暖，台风事件频频发生，台风带来的灾害也不可预估。台风灾害是导致沿海区域输配电线路故障的主要原因之一，台风监测预警是减少输配电线路受灾的重要环节。图 6-7 是台风监测预警系统的示意图。

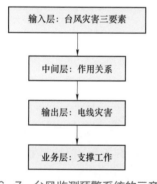

图 6-7 台风监测预警系统的示意图

在这个系统中，输入层是台风的三个重要的因素，分别是气象的信息，产生灾害的环境，例如地形环境等客观因素，最后是输配电线路的信息。这三层信息共同组成的系统的输入层，直接导致了台风对线路的损害。中间层根据输电线路的常见损坏，即断线、歪斜等，通过分析输入层的三个重要因素，确定台风与输电线路常见损坏之间的联系，及时预警，并提出有效的解决方法。通过大数据分析输入层与损坏之间的关系，建立模型，这是在台风监测预警中最重要的一步，建立模型的好坏直接影响到了整个台风监测系统的技术的实用性。输出层是指在整个监测系统中预警出的关于输电线的灾害，常表现为杆塔倒下、倾斜、输电线断裂等，输出层直接反应的是电网所受的危害。业务层，是指当系统发出预警，显示出配电线路的故障之后，需要有各方面的响应来解决问题，信息指挥部门及时指挥，维修部门投入维修，完成台风监测预警体系。

二、建立台风监测预警体系的方法

基于台风灾害形成机理的台风监测技术从体系的输入层出发，发掘产生台风灾害的原因，研究主要集中在气候、地形以及输配电线路的本身属性方面。但是综合考虑台风灾害形成的机理较为复杂，所以无法直接建立由输入层到输出层的传递函数，开展研究较为困难。如果要得到确切的联系就需要进行大量的数值计算分析，这往往要耗费大量的时间和人力。考虑到台风灾害预警的即时性，很多专家尝试将动力学分析引入到实际的建立，通过将多种原因进行耦合的方式来建立预警体系。然而，纯粹的依靠台风灾害形成机理建立模型的相关研究较少，且不太实用。

基于历史数据的台风监测技术是将往年的台风灾害数据整理对比，这样就可以得出输入层的因素与输出层灾害之间的联系，并建立各种因素对台风灾害的影响因子模型，实现预警的功能。这种方法通常直接建立相关函数，主要集中在考虑台风风速以及输配电线路设计所承受风速上。其优点是简单明了、预警效率高且及时、应用广泛。但是因为只考虑了风速单方面的影响，忽略了其他因素的影响，所以预警准确度不高，具有一定的局限性。

现在运用最广泛的方式是使用大数据对台风灾害进行预警。将致灾因素与历史数据分析相结合，提炼出主要的致灾因素，然后将这些因素进行网格化处理，形成可以大量数据的样本，建立模型，并训练这些数据以得到预警结果。这个过程有一些需要突破的技术，例如网格划分技术，选择合适的分辨率会对结果有一定的影响。

第六节　地质灾害监测预警技术

地质灾害监测的主要任务是监测地质灾害的时空域演化和诱发因素等信息，最大程度获取时间域连续的空间变形数据，从而应用于地质灾害的稳定性评价、预测预报和防治工程评估中。地质灾害监测是集地质灾害形成机理、监测仪器、时空技术和预测预报技术为一体的综合技术，当前地质灾害的监测技术方法研究与应用大多围绕崩塌、滑坡、泥石流等突发性地质灾害开展。

一、地质灾害监测预警的主要内容

根据地质灾害监测的空间尺度，可分为小尺度单体性的灾害点实时监测和大尺度区域性的整体监测。小尺度单体性的灾害点实时监测以常规专业仪器监测为主，以人工简易监测为辅。根据灾害体的具体情况选择监测内容，一般分为变形监测、应力形变监测、地下水监测和诱发因素监测，但各单体地质灾害所选用的手段不一定相同，要根据实际情况进行有效组合以便达到最佳效果。大尺度区域性的扫描监测主要是以遥感和 GNSS 监测为主，通常以月或年为单位进行监测，主要目的是掌握大范围的地质背景演变过程，为地质灾害危险性区划和区域风险分析服务。

地质灾害监测技术的进步和发展具体表现在以下两个方面：① 监测内容的不断扩充与完善。从外部变形到内部应力，从地下水到诱发因素，涵盖了地质灾害的各种致灾因子；从单个监测参数分析到多种监测参数优化组合，使监测的准确性得到较大提高。② 监测手段的进步。现代电子技术的成果已广泛应用于新型监测仪表器具中，各种材料和结构的传感器设备优化了监测仪器的结构性能，提高了监测精度和稳定性，从而扩展了监测内容。

监测内容按监测参数的类型分为变形、物理与化学场、地下水监测和诱发因素监测四类。

1. 变形监测

变形监测是以测量位移形变信息为主的监测方法，包括地表相对位移监测、地表绝对位移监测（大地测量、GNSS 测量等）、深部位移监测和宏观地质调查。该类技术具有应用范围广、监测精度高的特点，常作为常规监测技术用于地质灾害监测中。对于崩塌、滑坡、泥石流和地面沉降等地质灾害，常进行地表位移监测以观测整体变形趋势；而对于具有明显深部滑移特征的崩塌滑坡，通常还要进行深部位移监测。由于该类技术获得的是灾害体位移形变的直观变形信息，因此往往成为灾害预测预报的主要依据之一。

2. 物理与化学场监测

监测灾害体物理场、化学场等场变化信息的监测技术方法包括：应力场监测、地声监测、电磁场监测、放射性元素（氡气、汞气）测量等地球化学方法以及地脉动测量。地质灾害体的物理、化学场发生变化，往往同灾害体的变形破坏联系密切，相对于位移变形，具有超前性。

3. 地下水监测

地下水监测是以监测地质灾害地下水活动、富含情况、水质特征为主的监测方法，主要监测内容包括地下水位（或地下水压力）监测、孔隙水压力监测和地下水水质监测等。大部分地质灾害的形成、发展均与灾害体内部或周围的地下水活动关系密切，同时在灾害生成的过程中，地下水的本身特征也会发生相应变化。

4. 诱发因素监测

诱发因素监测是指以监测地质灾害诱发因素为主的监测技术方法，主要包括气象监测、库水位监测、地震监测、人类工程活动监测等。降水、库水位变化是地质灾害，尤其是崩塌、滑坡和泥石流的重要诱发因素。降水量的大小、时空分布特征是评价区域性地质灾害的主要判别指标之一；人类工程活动是地质灾害如地面沉降、采空区塌陷的主要诱发因素之一，因此地质灾害诱发因素监测也是地质灾害监测技术的重要组成部分。

二、地质灾害监测预警系统

地质灾害监测预警系统应具备如下特征：① 建立地质灾害数据监测和预警管理平台，将所有的地质灾害监测装置、通信装置、监测区域进行统一管理和维护；② 基于地质灾害高发区域安装的通用无线分组业务（General Packet Radio，GPRS）通信装置，实现地质监测数据的实时采集、通信和上报；③ 实现对地质灾害监测预警的数据实时分析，及时监测地质状态中存在的异常，并按所属区域归属进行对应的预警处理；④ 建立与地质灾害监测预警相匹配的数据中心，为有关部门和用户提供数据查看及预警管理服务。

以下为基于不同技术的地质灾害监测预警系统的简介。

1. 基于 3S 技术的地质灾害监测预警系统

3S 技术是遥感技术（remote sensing，RS）、地理信息系统（geography information systems，GIS）和全球定位系统（global positioning systems，GPS）的统称，是空间技术、传感器技术、卫星定位与导航技术和计算机技术、通信技术相结合，多学科高度集成的对空间信息进行采集、处理、管理、分析、表达、传播和应用的现代信息技术。

RS 是指从高空或外层空间接收来自地球表层各类地物的电磁波信息，并通过对这些信息进行扫描、摄影、传输和处理，从而对地表各类地物和现象进行远距离控测和识别的现代综合技术。在不直接接触有关目标物的情况下，在飞机、飞船、卫星等遥感平台上，使用光学或电子光学仪器即传感器接收地面物体反射或发射的电磁波信号，并以图像胶片或数据磁带记录下来，传送到地面，经过信息处理、判读分析和野外实地验证，最终服务于资源勘探、动态监测和有关部门的规划决策。

GIS 是一个专门管理地理信息的计算机软件系统，它不但能分门别类、分级分层地管理各种地理信息；而且还能将它们进行各种组合、分析、再组合、再分析等；还能查询、检索、修改、输出、更新等。GIS 还有一个特殊的"可视化"功能，就是通过计算机屏幕把所有的信息逼真地再现到地图上，成为信息可视化工具，清晰直观地表现出信息的规律和分析结果，同时还能在屏幕上动态地监测"信息"的变化。

GPS 是美国从 20 世纪 70 年代开始研制，于 1994 年全面建成，具有海、陆、空全方位实时三维导航与定位能力的新一代卫星导航与定位系统。GPS 是由空间星座、地面控制和用户设备三部分构成。GPS 测量技术能够快速、高效、准确地提供点、线、面要素的精确三维坐标及其他相关信息，具有全天候、高精度、自动化、高效益等显著特点，广泛应用于军事、民用交通（船舶、飞机、汽车等）导航、大地测量、摄影测量、野外考察探险、土地利用调查、精确农业及日常生活（人员跟踪、休闲娱乐）等不同领域。

在 3S 地质灾害监测信息系统中，RS 可动态地提供地质灾害空间数据源和更新数据，为 GIS 提供空间数据和反映目标属性的专题数据；GIS 则是遥感中数据处理的辅助信息，用于信息的自动提取。GNSS 为 GIS 获取地质灾害目标要素的空间坐标数据；而 GIS 则是综合处理这些地质灾害数据的理想平台，并且反过来提升 RS 与 GNSS 获取信息的能力，它们是一个有机的整体。3S 技术相互结合，能充分发挥 GNSS 技术数据采集速度快精度高、RS 技术覆盖范围广和 GIS 技术优越的图形、属性数据处理的特点，实现地质灾害的动态监测。

2. 基于 GNSS 技术的地质灾害监测预警系统

GNSS 监测技术是当前地质灾害实时监测技术当中最为先进的一种。GNSS 的作用是定位和导航。GNSS 的定义：全球导航卫星系统，是能在地球表面或近地空间的任何地点，为用户提供全天候的三维坐标、速度及时间信息的空基无线电导航定位系统。GNSS 技术对比其他地质灾害监控技术有着极大的提升。GNSS 技术主要应用于地质灾害点地表位移监测，如监测坡面浅表土层的变形情况，通过单点的地表位移监测成果来综合分析地质灾害的整体变形可能性，并借助相关的系统平台对有关数据进行分析及记录并发送到特定的接受人员，从而提升监测预警能力。

在地质灾害的监测中，GNSS 技术主要用于地表位移监测，需要先修建 GNSS 基墩，完成基础建设后，再进行设备的安装。先将太阳能板固定在站杆上，引出电源线并做好标记，将站杆固定在基墩上，太阳能电池板倾斜面朝正南方，太阳能板及风机电源线经掩埋的管道连接到 GNSS 站杆上，将蓄电池放入 GNSS 站杆上，然后将 SIM 卡装入设备，连接好 GPRS 天线，罩上天线罩，用防盗螺丝固定。专业技术人员通过相关的数据信息建立相关的地质监测变化系统，并完成后期地质情况变化的监测工作，从而实现实时监测，并以气象风险预报为基础，借助区域监测手段，采用叠加与耦合分析、预测评估和专家会商等方法，再按预警预报信息发布基本程序审批，利用互联网、区域电视、短信、微信、主播等多媒体方式，向特定区域发布预警预报信息，指导防灾减灾工作。

3. 基于北斗技术的地质灾害监测预警系统

北斗卫星导航系统（BDS）是中国自主研发、独立运行的全球卫星导航系统（GNSS）。该系统分为两代，即北斗一代和北斗二代系统。我国 20 世纪 80 年代决定建设北斗系统，2003 年，北斗卫星导航验证系统建成。该系统由 4 颗地球同步轨道卫星、地面控制部分和用户终端三部分组成。北斗卫星导航系统由空间段、地面段和用户段三部分组成，可在全球范围内全天候、全天时为各类用户提供高精度、高可靠定位、导航、授时服务，并且具备短报文通信能力，已经初步具备区域导航、定位和授时能力，定位精度为分米、厘米级别，测速精度 0.2m/s，授时精度 10ns。2020 年 7 月 31 日上午，北斗三号全球卫星导航系统正式开通。目前，全球范围内已经有 137 个国家与北斗卫星导航系统签下了合作协议。随着全球组网的成功，北斗卫星导航系统未来的国际应用空间将会不断扩展。

4. 基于 5G 技术的地质灾害监测系统

5G 技术可以解决地质灾害监测的问题。该系统将地质灾害监测区域分为多个子监测区，每个子监测区都非均匀设置多个非 5G 基站和设置一个 5G 基站，其中多个非 5G 基站分散地设置于子监测区内，5G 基站设置于子监测区内的中心区域。在每个子监测区中，均匀地设置多个监测装置，监测装置对监测点的数据进行采集。在监测的过程中，利用 5G 基站进行同步和校准等步骤，可以快速高效地传输和处理，及时发现和警示地质灾害险情，从而实现及时有效地处理，降低地质灾害带来的危险和减少了损失。因此，5G 可以大幅提升自动监测的时效性，增大覆盖面，弥补传统地质灾害监测传输速度的不足。

参 考 文 献

[1] 李杨. 基于输配电线路的智能巡检技术的研究与应用 [J]. 电工技术, 2020 (21): 102-103.

[2] 李振宇, 郭锐, 赖秋频, 等. 基于计算机视觉的架空输电线路机器人巡检技术综述 [J]. 中国电力, 2018, 51 (11): 139-146.

[3] 邵瑰玮, 刘壮, 付晶, 等. 架空输电线路无人机巡检技术研究进展 [J]. 高电压技术, 2020, 46 (01): 14-22.

[4] 李博, 方彤. 北斗卫星导航系统 (BDS) 在智能电网的应用与展望 [J]. 中国电力, 2020, 53 (08): 107-116.

[5] 陈皓勇, 李志豪, 陈永波, 等. 基于 5G 的泛在电力物联网 [J]. 电力系统保护与控制, 2020, 48 (03): 1-8.

[6] 单葆国, 史海疆. 泛在电力物联网的发展前景 [J]. 电气时代, 2019 (06): 35-37.

[7] 李勋, 龚庆武, 乔卉. 物联网在电力系统的应用展望 [J]. 电力系统保护与控制, 2010, 38 (22): 232-236.

[8] 王明新. 变电设备在线监测技术应用研究 [J]. 低碳世界, 2018 (04): 30-31.

[9] 郭帆, 范子健, 禹文卓. 基于电力物联网的 110kV 输电线路舞动监测技术研究 [J]. 电工技术, 2020, {4} (22): 113-115.

[10] 彭向阳, 陈驰, 饶章权, 等. 基于无人机多传感器数据采集的电力线路安全巡检及智能诊断 [J]. 高电压技术, 2015, 41 (01): 159-166.

[11] 彭向阳, 吴功平, 金亮, 等. 架空输电线路智能机器人全自主巡检技术及应用 [J]. 南方电网技术, 2017, 11 (04): 14-22.

[12] 金明磊, 王鹏程, 雷建胜. 直升机光电吊舱自动跟踪技术在输电线路巡检中的应用 [J]. 计算技术与自动化, 2020, 39 (03): 49-54+59.

[13] 李建峰, 段宇涵, 王仓继, 等. 无人机在输电线路巡检中的应用 [J]. 电网与清洁能源, 2017, 33 (08): 62-65+70.

[14] 韦舒天, 李龙, 岳灵平, 等. 输电通道人机协同巡检方式的探索 [J]. 浙江电力, 2016, 35 (03): 10-13.

[15] 岳灵平, 章旭泳, 韦舒天, 等. 输电线路无人机和人工协同巡检模式研究 [J]. 电气时代, 2014 (09): 81-83.

[16] 聂博文, 马宏绪, 王剑, 等. 微小型四旋翼飞行器的研究现状与关键技术 [J]. 电光与控制, 2007 (06): 113-117.

[17] 汤明文, 戴礼豪, 林朝辉, 等. 无人机在电力线路巡视中的应用 [J]. 中国电力, 2013, 46 (03): 35-38.

[18] 于德明，武艺，陈方东，等. 直升机在特高压交流输电线路巡视中的应用 [J]. 电网技术，2010，34（02）：29−32.

[19] 王焕，陈杰. 无人机巡检技术在架空输电线路巡检中的实践应用 [J]. 科技风，2020（35）：1−2.

[20] 邢志刚，万宏宇. 多旋翼无人机在输电线路巡检中的应用[J]. 黑龙江科学，2020，11(24)：116−117.

[21] 周晨飞，文显运. 架空输电线路无人机巡检技术分析 [J]. 电子元器件与信息技术，2020，4（10）：59−61.

[22] 姚明，周敏，王婧. 面向电力安全巡检作业的可穿戴式设备研究 [J]. 机电信息，2017（09）：1−5.

[23] 李少龙. 输电线路巡检移动 App 系统的应用探讨 [J]. 数字技术与应用，2020，38（02）：60+62.

[24] 吴立远，毕建刚，常文治，等. 配网架空输电线路无人机综合巡检技术 [J]. 中国电力，2018，51（01）：97−101+138.

[25] 钱金菊，张睿卓，王柯，等. 输电线路巡检可视化管理系统及其应用 [J]. 广东电力，2018，31（03）：109−114.

[26] 彭向阳，王柯，肖祥，等. 大型无人直升机电力线路智能巡检宽带卫星通信系统 [J]. 高电压技术，2019，45（02）：368−376.

[27] 陈驰，彭向阳，宋爽，等. 大型无人机电力巡检 LiDAR 点云安全距离诊断方法 [J]. 电网技术，2017，41（08）：2723−2730.

[28] 张发军，杨先威，张烽，等. 除冰机器人仿生双臂交越避障结构及其分析 [J]. 机械工程师，2018（04）：12−15+18.

[29] 高露，赵利，毛鹏枭，等. 新型三臂高压线除冰机器人设计 [J]. 机械工程与自动化，2018（01）：118−119.

[30] 刘博，于洋，姜朔. 激光雷达探测及三维成像研究进展 [J]. 光电工程，2019，46（7）：21−33.

[31] Wang J，Ma WM，Zhao XL，et al. A Predicting Method of Power Grid Transmission Line Icing Based on Decision Trees Modified Model [J]. Applied Mechanics and Materials，2013，347−350：1903−1906.

[32] Quan Y S，Zhou E Z，Chen H G，et al. New Methodology of On−Line Monitoring for High Voltage Overhead Transmission Line Icing [J]. Advanced Materials Research，2013，805−806：871−875.

[33] Wang C，Xin B. Abnormal Image Monitoring for Transmission Line Based on Digital Image Processing [J]. Advanced Materials Research，2013，710：613−616.

[34] 李昭廷，郝艳捧，李立涅，等. 利用远程系统的输电线路覆冰厚度图像识别[J]. 高电压技术，2011，37（09）：2288−2293.

[35] Meng X，Hu Z. A new easy camera calibration technique based on circular points [J]. Pattern Recognition，2003，36（5）：1155−1164.

[36] Gu Z，Su X，Liu Y，et al. Local stereo matching with adaptive support−weight，rank transform and disparity calibration [J]. Pattern Recognition Letters，2008，29（9）：1230−1235.

[37] Gan W，Zhu D，Ji D. QPSO−model predictive control−based approach to dynamic trajectory tracking control for unmanned underwater vehicles [J]. Ocean Engineering，2018，158：208−220.

［38］ 王庆荣，王瑞峰. 基于改进粒子群算法的配电网重构策略［J］. 计算机应用，2018，38（9）：2720－2724.

［39］ Vlaminck M，Luong H，Goeman W，et al. 3D Scene Reconstruction Using Omnidirectional Vision and LiDAR：A Hybrid Approach［J］. Sensors，2016，16（11）：1923.

［40］ Wu P，Liu Y，Ye M，et al. Fast and Adaptive 3D Reconstruction with Extensively High Completeness［J］. IEEE Transactions on Multimedia，2017，19（2）：266－278.

［41］ 杨必武，郭晓松. 摄像机镜头非线性畸变校正方法综述［J］. 中国图像图形学报，2005，10（3）：269－274.

［42］ 宋晓飞，许慎洋. 基于特征区域的医学图像配准算法应用研究［J］. 电子技术，2009，46（5）：57－60.

［43］ Park J H，Park H W. A mesh－based disparity representation method for view interpolation and stereo image compression［J］. IEEE Transactions on Image Processing，2006，15（7）：1751－1762.

［44］ Shenyue W，Qiang L，Chaoran W，et al. Design of 3D Reconstruction System for Outdoor Scene Based on Binocular Stereo Camera［J］. Computer Measurement & Control，2017，25（11）：137－140，145.

［45］ Gao S，Tong X，Chen P，et al. Full-field deformation measurement by videogrammetry using self-adaptive window matching［J］. The Photogrammetric Record，2019，34（165）：36－62.

［46］ 傅博，姜勇，王洪光，等. 输电线路巡检图像智能诊断系统［J］. 智能系统学报，2016，11（1）：70－77.

［47］ 于建立，关鹏宇，牟瑞，等. 大地电导率和回击电流幅值对架空单导线雷电感应电压的影响［J］. 东北电力大学学报，2020，40（06）：61－66.

［48］ 蒿峰，卢泽军，王晓光，等. 10 kV 架空配电线路临近变电站防雷保护措施［J］. 科学技术与工程，2019，19（28）：159－164.

［49］ Miao A M，Ge Z Q，Song Z H，et al. Time neighborhood preserving embedding model and its application for fault detection［J］. Industrial & Engineering Chemistry Research，2013，52（38）：13717－13729.

［50］ 朱时阳，邓雨荣. 输电线路走廊山火监测技术研究与应用［J］. 广西电力，2013，36（3）：25－27.

［51］ 李勇，陶雄俊，陈立. 输电线路山火故障分析及预防［J］. 湖北电力，2010，34（06）：49－50.

［52］ 王秋瑾. 架空输电线路在线监测技术的开发与应用［J］. 电力信息化，2009，7（11）：59－62.

［53］ 韩子夜，薛星桥. 地质灾害监测技术现状与发展趋势［J］. 中国地质灾害与防治学报，2005，16（3）：138－141.